U0069278

烘焙實務

Baking Practice

孟兆慶／著

序

「烘焙」對我而言，是一份既有趣又生動的工作，從食材的認識開始，到實際操作後所衍生的奇妙變化，如同一場奧妙的實驗，即便是大同小異的配方組合，卻有不同風貌的烘焙產品，因此在千變萬化的運用之下，浩瀚的烘焙世界讓人樂此不疲。

比起十幾年前，現在學烘焙的人口與風氣明顯增多，特別是各級技職科系紛紛設立烘焙課程，以至於這門技藝漸漸受到重視，很多學生對於學習烘焙甚感興趣，在專業訓練與教導之下，理論與實務並重，學習過程掌握「知其然並知其所以然」，這樣的結果絕非過去師徒相傳的保守模式可比擬的；當然毫無疑問的是，肯定有助於烘焙業素質的提升。

隨著時代進步與市場競爭影響，台灣的烘焙發展可謂日新月異、精采萬分，無論就製作技術或產品創新的能力而言，與先進國家相較下，絲毫不遜色，眾所周知，近幾年來有非常多的烘焙從業人員，屢次在國際烘焙競賽舞台上嶄露頭角，贏得佳績；也就是說，現今的烘焙觀念，絕非只是單純的勞力付出而已，而該視烘焙工作爲食品藝術的創造者。

然而萬丈高樓平地起，所有的學習總該從根本做起，這本書的內容即是符合初學者的需求而編寫，從烘焙的基本認識到成品實習製作都有涉獵，只要一點一滴學習，即能深入烘焙實務的要領。唯筆者個人的能力有限，內容如有疏漏之處，懇請烘焙前輩不吝指正。

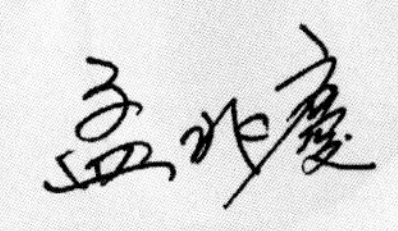

目錄 Contents

Baking Practice

第四章　蛋糕

第五章　麵包

第六章　西式點心

第一章　有關烘焙

- 烤焙的意義
- 烘焙食品的分類
- 烤焙的重點

所謂烘焙食品，泛指以不同的製作方式，經由調味、成形至烤焙所製成的產品，就外形與風味而言，絕非只是單純的食品而已；從坊間林立的西點麵包店、糕餅店到五星級飯店，觸目所及無一不是琳瑯滿目、精巧細緻的誘人商品，如同藝術品般的創作令人目不暇給。拜現今資訊發達之賜，新知識快速流通帶來精進的烘焙技術，產品走向已由傳統式擴及至日式、美式、法式、義式等國際化方向，烘焙業者在競爭前提下，不斷以滿足消費者為訴求，而給予烘焙食品多變的面貌。

烤焙的意義

從「烤焙」表面字義解釋，即用火將溼的東西烤乾或烤熟的動作，異於其他的蒸、煮、燉等烹飪方式，經由烤焙後所產生的色澤、香氣以及風味都是獨具特色的。每個人都曾有的經驗，當你進入麵包店時，即能聞到空氣中瀰漫著陣陣麵包香，也能見到成品散發著溫暖柔和的金黃色澤，嗅覺、視覺上的誘惑忍不住讓人食指大動。

透過烤焙方式，不外乎是將產品由外而內吸收熱能，當內部的水分子形成水蒸氣便使產品膨脹隆起，繼續受熱，水氣被蒸發、烤乾，產品即漸漸呈現上色狀態，因而也是烤焙的最大特色。

一般來說透過烤焙的食物，會因不同的原料種類以及製作方式，而表現大異其趣的產品特色，如麵包的發酵香、蛋糕的甜美奶香，以及餅乾酥、鬆、脆的口感。

烤焙之於任何烘焙產品，無疑是製作流程中的最後重頭戲，一旦疏忽後，產品應有的色、香、味極可能受到影響，甚至前功盡棄。

烘焙食品的分類

一般來說，烘焙食品大多以穀物爲主要的製作材料，進而衍生很多既精緻又美味的品項，隨著國際間烘焙技術交流與食品科技的進步，近幾年來烘焙食品更顯得豐富與多元化，無論中、西式結合，或在傳統烘焙食品架構下所研發的創意產品，增加了消費者更多的選擇性與品嚐樂趣。在琳瑯滿目的西式烘焙食品中，大致可歸類成三大項，分別是蛋糕類、麵包類與西點類等，而在不同類別的產品中，又因不同材料的組合與製作方式的差異性，可變化出各具特性的烘焙食品。

1. 蛋糕類：包括麵糊類蛋糕、乳沫類蛋糕、戚風類蛋糕、其他類蛋糕等。
2. 麵包類：包括軟式麵包、硬式麵包、丹麥類麵包等。
3. 西點類：包括小西餅（餅乾）、派（塔）、奶油空心餅（泡芙）、鬆餅、膠凍類、披薩、甜甜圈等。

烤焙的重點

利用烤箱將食品烤焙完成，首先必須瞭解烤箱種類並掌握烤箱特性，進而能夠控制產品的烤焙時間與溫度的調整；從過去的瓦斯烤箱，到後來普遍的電氣烤箱，烤箱的熱能效應不斷改進，甚至今日更科技的遠紅外線

的烤箱功能，無論上色或烤焙完成的時間，都不盡相同，因此烤焙過程，除了得力於先進的設備外，同時也必須仰賴人爲的掌控，才能順利完成理想的烘焙產品。

特別是烘焙新手，在操作過程之餘，更應充實烤焙經驗，例如：如何調整火溫的高低、如何設定烘烤時間才算理想、該如何判斷產品的出爐時機等問題，總之，烤焙各項產品時必須掌握以下幾個重點：

1. 對於首次使用的烤箱，必須花時間多瞭解性能，或是溫度的準確性。
2. 根據自己製作的產品時間，適時地預熱烤箱，應避免烤箱預熱不足，使得產品入爐後，須延長烘烤時間，以至於水分過度蒸發，造成產品內部組織粗糙；反之也應避免烤箱預熱溫度太高，而使得產品表皮快速上色、定型，甚至變硬，而影響產品應有的組織與口感。
3. 注意產品排放位置，並留有適當空間，使得受熱均勻；烘烤過程隨時觀察烤盤上不同位置的產品，上色是否一致，必要時須調換烤盤的裡外位置。
4. 烤焙時，產品的多寡與設定烤箱溫度的高低成正比，量多時，烤盤空間少，熱源傳導較慢，底火溫度可比量少時略高一些。
5. 所有食譜中所載明的火溫高低與烘烤時間，都只是參考數據，必須隨機應變靈活調整；同時需注意烤焙時所使用的烤模大小或是份量多寡，也會影響烤焙時間與溫度的高低。

第二章 烘焙實務之基本認識

- 烘焙設備與器具
- 烘焙材料簡述

烘焙設備與器具

現代化的烘焙業，藉由先進的硬體設備節省不少人力，以至產能大幅提高，同時也利於品質管制，以下是經常使用的基本機械設備與各式烘焙器具。

一、機械設備

 攪拌機

可因烘焙產品的不同需求，而快速又順利地將各種材料攪拌成麵糰或麵糊，附有三種攪拌器，使用前必須瞭解不同攪拌器的功用，才有助於操作。

攪拌機

1. 球形攪拌器：常用於蛋白或鮮奶油的打發，能快速拌入空氣而讓體積變大。
2. 槳狀攪拌器：常用於麵糊、奶油糊的拌合。
3. 鉤狀攪拌器：常用於製作麵包的麵糰攪拌。

球形攪拌機

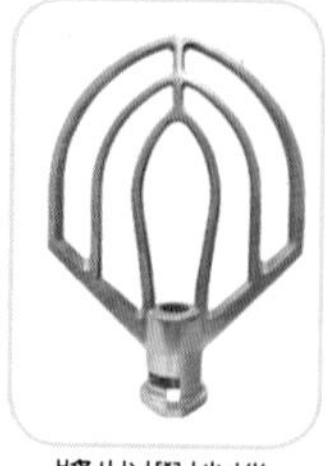
槳狀攪拌機

鉤狀攪拌機

發酵箱

製作麵包時將麵糰進行基本發酵、最後發酵使用，可控制麵糰發酵時適當的溫度與溼度。

分割機

能將基本發酵後的麵糰，分割成需要的大小，速度快且大小一致。

滾圓機

能將分割後的麵糰自動滾圓，使麵糰外型整齊、光滑，利於整型。

壓麵機

將中間發酵後的麵糰壓成薄片並摺疊，反覆動作之後，使麵糰質地平滑細緻，通常用於饅頭或裹油類麵包製作。

烤箱

烘焙食品不可缺少的機器，常見的有電氣烤箱、瓦斯烤箱及蒸氣烤箱，品質優異的烤箱有助於最後的烤焙品質。

成品出爐架

於各式烘焙產品出爐時成品冷卻之用，通常附有滾輪設計方便移動。

冷凍櫃

保存需要冷凍的各式材料，或可急速凝固慕斯類製品。

冷藏櫃

保存需要冷藏的各式材料或膠凍類點心。

二、烘焙器具

(一)秤量器具

磅秤

精確的磅秤能減低秤料的誤差，有助於烘焙的操作；本書中的計量主要以g（公克）爲單位，因此最好利用以一克爲單位的電子秤，會比刻度的磅秤好用又精確；注意秤料時須將克數歸零。

量杯

常見的有塑膠與鋁製品，一杯標準量杯容量爲220cc杯子上共有四等分的刻度，方便計量液體材料。

量匙

通常秤量少量的粉狀材料（例如：泡打粉、小蘇打粉、可可粉等）或液狀材料（例如：香草精、蘭姆酒等）等，用量匙省時又方便，但需注意粉狀材料需與量匙平齊，才不會誤差。標準量匙附有四個不同的尺寸：

1大匙（1 Table spoon，即1T）

1小匙（1 tea spoon，即1t）或稱1茶匙

1/2小匙（1/2 tea spoon，即1/2t）或稱1/2茶匙

1/4小匙（1/4 tea spoon，即1/4t）或稱1/4茶匙

(二)製作器具

 鋼盆

多爲不鏽鋼製品，有各種尺寸，通常用於材料混合、攪拌，或隔水加熱時使用，較常用的尺寸直徑是24公分、26公分以及28公分的鋼盆。

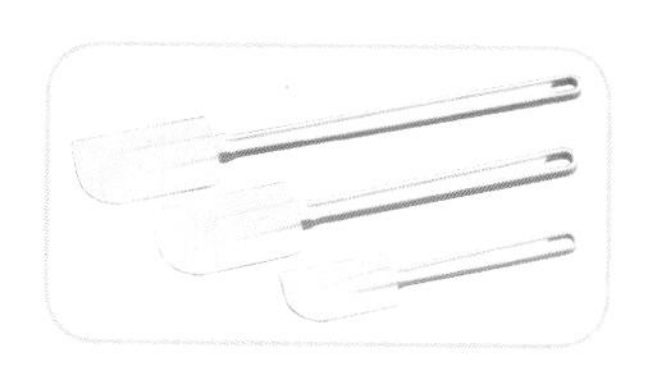

橡皮刮刀

可拌合濕性與乾性材料，並可刮除黏附在容器上的材料，有不同長度可供選用。

 網篩

可將材料過篩均勻，並去除顆粒，或將不同粉料同時過篩混合均勻。粗孔的網篩，用來過篩麵粉、糖粉或蛋液；細孔的網篩，通常用在過篩少量的可可粉或糖粉於裝飾上。

打蛋器

不鏽鋼材質，選用長度約30公分爲宜，用來攪拌濕性材料的蛋液、細砂糖或奶油的打發或拌合。

 木匙

用來攪拌需要高溫加熱的材料，或是需要用力攪拌的材料。

擀麵棍

有各種長度及固定、活動式的製品，麵糰需延展攤平時使用。

抹刀

有不同長度的製品，用於蛋糕裝飾時塗抹霜飾時使用。

塑膠刮板

在工作檯上製作、搓揉麵糰時，可利用大的塑膠刮板將濕性與乾性材料拌合均勻；而小的塑膠刮板並可將攪拌缸內的麵糰順利剷出，或抹平大烤盤上的生麵糊。

鋸齒刀

有不同長度的製品，用於切割麵包或蛋糕等烘焙食品。

甜甜圈壓模

製作甜甜圈的專用刻模。

毛刷

有各種不同的尺寸，可於麵糰表面需要刷水分或蛋液時使用，也可在鬆餅製作時刷除多餘的麵粉。

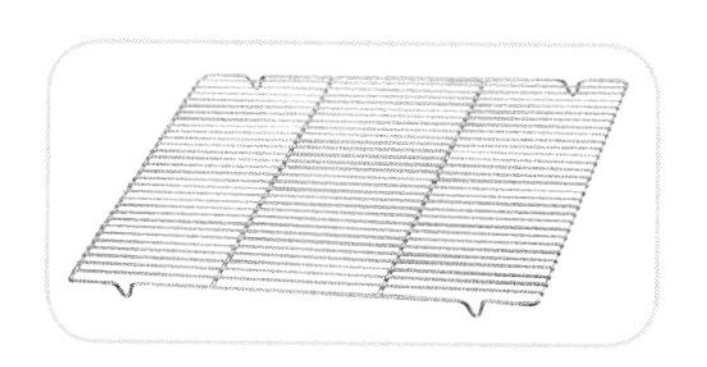

冷卻網架

爲不鏽鋼製品，用於各式烘焙產品出爐時冷卻之用。

擠花袋

除使用在擠花裝飾外，還可裝入濕軟的麵糊，方便擠製各式造型的餅乾，選用長度約16吋爲宜。

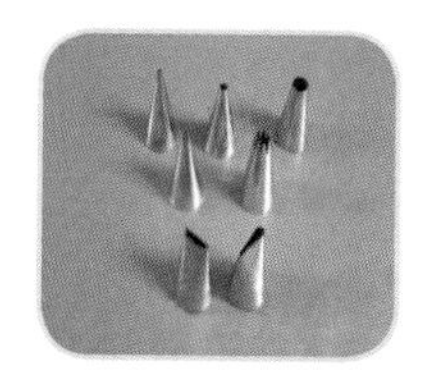

擠花嘴

有各種造型的擠花嘴，用於蛋糕裝飾或製作麵糊類餅乾。

蛋糕轉台

用於蛋糕裝飾時，可方便塗抹霜飾，有塑膠與金屬製品，但後者穩重較好應用。

防沾烘焙紙

具防沾效果，舖在烤盤上或是墊在烤模內，可將成品烘烤後順利脫模。

(三)烤模器具

慕絲框與墊板

製作慕絲的專用器具，呈環形狀，也有其他造型，製作慕絲時可將墊板放在慕絲框底部以利製作，成品即會光滑平整。

圍邊塑膠片（透明塑膠片）

裁剪成需要的長度，可在表面擠巧克力製成巧克力飾品，也可用在做慕斯時，圍在慕斯框內方便脫模。

布丁模

有不同尺寸，除可用來烤焙布丁外，也可當作蛋糕烤模。

塔模

有不同造型與尺寸，除非鐵氟龍材質製品，否則使用前必須抹油，以利成品脫模。

派盤（斜邊&活動）

適用於各種單皮派或雙皮派，成品出爐時不可反扣脫模，斜邊式派盤製作的成品直接在派盤上分割，而活動式派盤所製作的成品可與派盤底部分離而順利脫模。

 奶油蛋糕長條烤模

適合用於磅蛋糕（Pound Cake）或其他各種奶油蛋糕的製作。

 蛋糕圓形烤模（固定、活動）

適合用於戚風蛋糕或海綿蛋糕的製作。

 蛋糕中空圓烤模

適合用於戚風蛋糕的製作。

 咕咕霍夫烤模

呈中空狀且具有凹凸紋路造型的圓形烤模，是製作歐式蛋糕咕咕霍夫的專用模具。

A

B

 吐司烤模

圖A可用於製作土司或奶油蛋糕，圖B可用於製作半條（12兩）土司。

 各式紙模

適合製作馬芬蛋糕（Muffin）及各式奶油蛋糕。

烘焙材料簡述

理想的烘焙產品首先從材料的選用開始，掌握每種材料的屬性，也是制定配方平衡的條件之一，瞭解眾多材料的種類、特性及功能，是烘焙者必須正視的重點。

一、麵粉

麵粉是所有烘焙食品中，使用率最高的材料，除了膠凍食品外，凡是需要經過烤焙的各項產品，幾乎都少不了麵粉，然而因應不同的烘焙產品特性與需求，則必須選擇適合的麵粉類別來製作。

麵粉是由小麥的胚乳研磨而成，其中含有大部分的澱粉，以及蛋白質、礦物質、維生素等，不同類別與等級的小麥，則能產生不同性質的麵粉，應用在麵包、蛋糕、西點等不同類別的烘焙產品時，即能出現不同的口感、組織與風味。

麵粉因不同品質分級中，其特性如下：

(一)麵粉筋度

麵粉中的蛋白質85%爲麵筋蛋白（Gluten Protein），是促成麵糰形成（Dough Formation）最主要的蛋白質，麵粉的獨特性乃是出自所儲存的麵筋蛋白，依其含量高低，粗略區分成高筋、中筋及低筋麵粉，蛋白質含量越高的麵粉與水搓揉成糰時，越能產生特有的筋性，會使麵糰更具延展性與彈性；因此當麵粉加水藉由不斷攪拌，即形成網狀結構的麵筋，有此特性的麵糰才能整形製作各式麵包製品。

麵粉品質的優劣，通常以蛋白質含量的多寡作爲初步認定的標準，另外也可靠著水洗麵筋的方式，來檢視不同麵粉的筋性強弱，例如：秤取麵粉50克加水30克搓揉成糰，置於水中不斷搓洗，直到可溶性物質完全釋出後，即會留下一塊具彈性的麵筋，將麵筋擠乾水分再秤重，即可實驗不同麵粉的筋性高低。而具筋性的麵糰用水不斷沖洗，最後的沉澱物質即是不具筋性的澄粉，適合製作蝦餃、水晶餃等具透明感的中式點心。

(二)吸水量

一般來說，吸水量較高的麵粉所製成的麵包較不易老化，而麵粉的吸水量，也與麵粉內含蛋白質的多寡成正比，因此筋性越高的麵粉吸水量也就越高。

(三)灰分

麵粉中含灰分越高，色澤即偏乳白，反之，灰分越低的麵粉，色調也就越白，灰分來自於小麥的不同部位，但主要存於麩皮中，因此越接近胚乳中心部位灰分越低，其研磨出來的麵粉即是潔白的粉心粉，因此灰分的高低，可視爲麵粉的精製程度。

依照我國國家標準檢驗局CNS制定的麵粉分級如下表：

類別	顏色	水份	灰份	蛋白質	適用產品
特高筋	乳白	＜14.0%	＜ 1%	＞ 13.5%	油條、麵筋
高筋	乳白	＜14.0%	＜ 1%	＞ 11.5%	麵條、麵包
粉心	白	＜14.0%	＜0.8%	＞ 10.5%	包子、饅頭等中式點心
中筋	乳白	＜13.8%	＜0.63%	＞ 8.5%	包子、饅頭等中式點心
低筋	白	＜13.8%	＜ 0.5%	＞ 8.5%	蛋糕、餅乾

二、油脂

(一)油脂的分類

在烘焙材料中，油脂屬於柔性材料，依不同的來源，一般分類為動物性、植物性與動植物混合等三種。依照不同油脂的特性，運用在各式烘焙產品中，有助於製作過程的順利，進而得到應有的品質與風味。

常用的烘焙油脂應屬固態油脂居多，大致如下：

 天然油脂

即動物性奶油（Butter），具有天然的奶香味、熔點低、具有入口即化的好口感，用於烘焙食品上，可發揮特有的香氣與風味，這項優點絕非人工油脂可取代的。因內含成分的不同，大致的類別如下：

1. 發酵性奶油：鮮乳脂內添加乳酸菌，產生獨特風味。
2. 非發酵性奶油：未經乳酸發酵，無特別風味。
3. 有鹽奶油：含1~2%的鹽分，具鹹味。
4. 無鹽奶油：不含鹽份，為烘焙食品常用的油脂。

無鹽奶油

人造油脂

1. 乳瑪琳（Margarine）：是以大部分的液體植物油脂與少部分的動物性油脂經氫化作用，加工成類似天然奶油的奶香味與色澤，熔點高，可塑性及乳化效果良好，經常用於蛋糕、西點及霜飾製作。
2. 酥油（shortening）：分黃色與白色，前者添加人工奶油香味，後者為無味的固態油脂；兩者的熔點約為38~40℃，易於打發，使烤焙後產品具有起酥與鬆發效果。

(二)油脂的功能與特性

1. 能軟化產品組織，並減低麵筋的韌性，使產品具有柔軟、酥脆性。
2. 攪拌後拌入空氣，使產品膨大、具鬆發性。
3. 提供美味、香氣與營養。

三、糖

糖除了是烘焙產品的甜味來源外，用於蛋糕麵糊中，屬於柔性材料，而在發酵麵糰內則可使酵母促進活化；經由加熱烤焙融化後，使得產品保濕而延緩老化，同時也在烤焙中產生焦化功能。

糖在烘焙產品的應用中，分成固態與液態兩種類別，內容大致如下：

(一)固態糖類

大多以甘蔗製成的砂糖爲主，依精製與粗細的不同分成：

1. 粗砂糖：顆粒較粗，不易融化，故常用於產品裝飾。
2. 細砂糖：顆粒細小，較易攪拌融化，是使用最頻繁的糖類。
3. 糖粉：呈粉末狀，常用於產品裝飾外，可應用小西餅、奶油霜飾中；因糖粉易受空氣溼氣影響，而容易凝結成粒，因此必須過篩後再使用。
4. 赤砂：呈金黃色，顆粒較粗，不易融化，具有特殊香氣，也可用於蛋糕、麵包或小西點的裝飾。
5. 紅糖：又稱赤糖或黑糖，呈深褐色，使用前必須過篩，以避免大顆粒無法融化；用於烘焙產品中，除增加特殊色澤效果外，並能增添濃郁香氣與風味。

(二)液態糖漿

以下的糖漿的共通點是「液體糖」，而甜度互異，用於蛋糕體中具有吸濕性，可增強水份保存，延緩產品老化現象。

1. 葡萄糖漿：呈透明狀，又稱「玉米糖漿」，用酸或酵素水解澱粉（如太白粉或玉米粉）轉化而成糖漿，於蛋糕中可提供保濕效果，並延緩組織老化的功能。
2. 轉化糖漿：是砂糖加水溶解後，加入酸或酵素經過加熱過程轉化而成，常用於廣式月餅或其他中式點心中，可使產品具柔軟與保濕功能。
3. 蜂蜜：爲天然的液體糖漿，因花種、花蜜不同，採得的蜂蜜則有不同風味與色澤。加入烘焙產品中，具有特殊濃郁的天然香氣與特有的琥珀色外觀，如蜂蜜蛋糕即是。
4. 果糖：經由葡萄糖漿再經異化酵素轉化而成。

四、鹽

在製作烘焙食品中，鹽的用量雖然僅佔極少比例，但卻能發揮各種功能，大致來說鹽是一種調味劑，在蛋糕、西點中添加2%左右，會使產品發揮甜而不膩的效果，特別是打發蛋白時，鹽有助於韌性的支撐；另外就麵糰來說，加鹽後的麵筋，其延展性和彈性能使麵糰在發酵中充滿均勻的氣體，麵包體積也較大。

五、蛋

雞蛋是極易取得的營養食品，在烘焙西點上使用廣泛，除了可增加產品色澤與香味外，並具有良好的起泡性（打發性），則使蛋糕出現鬆軟膨脹效果，是烘焙食品中不可或缺的食材。

蛋的基本構造爲外殼、蛋白與蛋黃，去殼後平均重量爲55克，蛋白佔2/3，蛋黃佔1/3，用於蛋糕製作時，前者屬於韌性原料，後者卻是柔性原料。蛋白中的蛋白質主要是球蛋白與黏液蛋白，經攪拌後會產生無數小氣泡，並在20℃左右的最佳打發狀態下，其效果最好；而蛋黃中所含的卵磷脂，則是油水結合最佳乳化劑。此外蛋經過加熱後所產生的凝固作用，也使蛋常被用於布丁或卡士達的調製中。

另外需注意，一顆蛋的大小，往往也左右了麵糊或麵糰的成形，因此爲降低誤差率，本書中的蛋量完全以「去殼後的淨重」來計量，如此一來，更能精確地準備材料。

六、鮮奶油

市面上常見的鮮奶油分成動物性鮮奶油與植物性鮮奶油，前者是由牛乳經超高溫殺菌法（UHT, Ultra High Temperature Process）提煉乳脂肪而成的產品，而後者則未含天然乳脂肪，因此產品外包裝上如印有UHT的字樣，則是動物性鮮奶油，否則即是植物性鮮奶油，兩者比較如下：

動物性鮮奶油

	動物性鮮奶油	植物性鮮奶油
風味	香醇、濃郁、無糖	沒有天然乳香味，通常有加糖
打發性	較差	含安定劑，打發性較好，具光澤度
價格	較貴	較便宜
用途	慕斯、西式料理	裝飾
保存	冷藏，不可冷凍	冷藏、冷凍皆可

七、膨大劑

烘焙食品中的膨脹因素，除了藉由麵糊或麵糰拌入空氣外，也可添加不同膨大劑而使產品膨脹，如麵包、饅頭、包子等發酵食品，或利用化學膨大劑產生氣體膨脹的原理，而產生氣孔組織與蓬鬆感，如蛋糕、餅乾、西點等產品。

(一)酵母

酵母添加在麵糰中，經過一段時間，能使糖轉化成二氧化碳及酒精，因而產生大量的氣體，使得成品膨脹、麵筋擴展，同時也會散發酵母發酵時的特有香氣。常用的酵母種類與使用方式如下：

酵母種類	酵母用量	使用方式	儲藏方式與時間
新鮮酵母（Fresh Yeast）	3（即溶酵母的3倍）	用手捏碎後，用配方內的水調勻融化，再與其他材料混合攪拌。	密封後放入冷藏室保存約2星期。

乾酵母（Dry Yeast）	1.5（即溶酵母的1.5倍）	加入5倍酵母的配方中的水量，待溶解後恢復活性再使用。	密封後至於陰涼處保存約5個月。
即溶酵母（Instant Dry Yeast）	1	直接與其他材料混合使用。	密封後放入冷藏室保存約1年。

(二)化學膨大劑

 泡打粉（Baking Powder，簡稱B.P.）

呈白色粉末狀，遇水和熱後釋放二氧化碳，使麵糊膨脹，是製作蛋糕、餅乾類時所添加的化學膨大劑。

 小蘇打粉（Baking Soda，簡稱B.S.）

呈白色粉末狀，爲鹼性的化學膨大劑，與酸性物質混合具中和作用，釋出二氧化碳，而使麵糊膨脹擴大，使用時需注意用量，以免成品出現難以入口的澀味。

八、化學添加劑

麵包改良劑（Improver）

增加麵糰的筋性，改進麵糰中氣泡的保持性，使得成品體積變大。

塔塔粉（Cream of Tartar）

學名酒石酸，屬於酸性物質，是打發蛋白時的添加物，能中和蛋白的鹼性，並可增強蛋白的韌性，使打發的蛋白具光澤度與細緻感。

乳化劑（Emulsifier）

乳化劑是現代烘焙食品中普遍使用的化學添加劑，簡單的說，乳化劑中的「界面活性劑」可讓不相容的油、水結合而避免分離現象，即稱乳化作用，用於烘焙食品中可提升品質，例如：在麵包類產品中，可軟化麵包組織並延緩老化時間；添加在蛋糕中，則有助於乳化、打發的穩定性，使蛋糕成品組織細緻。而食品中存在的天然乳化劑，例如蛋黃、大豆中的卵磷脂，也是扮演乳化劑的角色。

九、巧克力與可可粉

巧克力與可可粉廣泛應用在各式烘焙產品中，其特有的香氣與色澤，深受消費者喜愛；其原料是以可可豆加工製成，從可可豆的採收到加工，經過重重的製作流程，才能製成巧克力。當可可豆經由研磨後，即得到可可膏（Cacao Mass），同時分離出黃色透明狀的可可脂（Cocao Butter），可製成各式巧克力；另外所產生的固形物經過研磨成粉狀，就成爲可可粉（Cocao Powder）。

可可膏與不等的砂糖或牛奶混合，即製成不同類別的巧克力：

1. 黑巧克力：除含可可膏、可可脂外，因糖份比例的不同，分成半甜巧克力及苦甜巧克力。
2. 牛奶巧克力：內含可可膏、砂糖、牛奶（奶粉）以及少量的可可脂。
3. 白巧克力：不含可可膏，僅在可可脂內添加砂糖、奶粉及香料等。

巧克力因是否含有可可脂而區分爲兩大類：

1. 調溫巧克力：含有可可脂，具有入口即化的好口感，但因可可脂不易安定而結晶化，因此必須藉由調溫（Tempering）的過程，以使可可脂內的結晶體細膩、穩定且具光澤度，但如要製作巧克力淋醬（Ganache）時，不用經過調溫即可使用。
2. 非調溫巧克力：不含可可脂，通常利用各種代用油脂加工處理而成，口感較差，不需經過調溫，只要隔水加熱使其融化，即可製作各式的巧克力製品。

十、烘焙用酒

製作西點時，適當的添加各式調味用的香甜酒，不但能提昇產品風味，更可突顯多層次的豐富口感，較常用的有以下幾種類別：

1. 蘭姆酒（Rum）：因不同產區，而有金黃色與透明的產品，是以甘蔗爲主要原料所製成的蒸餾酒，酒精濃度爲40%。
2. 君度橙酒（Cointreau）：呈透明狀，是以橘皮爲主要原料所發酵成的蒸餾酒，酒精濃度爲40%。
3. 香橙白蘭地（Grand Marnier）：呈金黃色，是以橘皮爲主要原料所發酵成的蒸餾酒，酒精濃度爲40%。

第三章 烘焙計算

- 秤料與溫度計算
- 烘焙百分比、實際百分比及各種換算

理想的烘焙產品，必然出自於良好的「配方」，而用料之間的比例、多寡必須以配方平衡為基本要求，同時在統一的單位名稱計量下，以方便不同數量的換算與材料的調整；因此「配方平衡」與「精確秤量」是烘焙產品成功與否、品質優劣的重要條件，其重要性不容忽視。

秤料與溫度換算

就秤量來說，以磅秤來秤重遠比使用容器取得容量的方式來得準確又方便，因為容器秤料時，有時受制於食材蓬鬆度與緊密度的影響，極易出現份量的誤差，因此為降低製作時的初步缺失，應選擇以秤重方式來秤取材料，尤其以1公克（g）為單位的電子秤更能達到精確的要求；因此為便於秤料，配方內的材料重量均統一以公克為單位，除非量少的乾性或濕性材料，則可利用標準量匙計量，但須注意粉狀材料需與量匙平齊。以下是基本的單位換算。

※重量換算
1公斤（kg）＝1000公克（g）
1台斤（斤）＝16台兩（兩）＝600公克（g）
1磅（lb）＝16盎司（oz）＝454公克（g）
1盎司（oz）＝28.4公克（g）
※ 容量換算
1公升（l）＝1000毫升（ml）＝1000 cc
1 夸特（Quart，簡稱Qt）＝0.96公升（l）＝960 cc
※ 量杯、量匙換算（以液體材料計量）
1杯（C）＝240cc＝16大匙（T）
1大匙（T）＝3小匙（t）＝15cc
1 小匙（茶匙）＝5cc
※ 溫度換算
攝氏（℃）＝5/9 ×（℉－32）
華氏（℉）＝9/5 × ℃+ 32

烘焙百分比、實際百分比及各種換算

一、烘焙百分比

在配方平衡的基本條件下，以麵粉設定為100％的基礎比例，而其他材料則是各佔麵粉的適當比例來求出正確分量，以此方法計算的烘焙百分比材料總和則會超過100%，即稱「烘焙百分比」（本書中的產品實作，均以烘焙百分比計算）；烘焙百分比用意在於：

1.易於看出配方特性，可進一步掌控成品的品質並預測成品特性。
2.可隨產品數量、大小來換算與控制用料。
3.在配方平衡條件下，易於調整配方比例，以達到產品要求。

二、實際百分比

在配方平衡的基本條件下，每種材料所佔的比例，其總百分比等於100%，以此計算方式可瞭解每種材料在固定100%範圍內，所佔的比例多寡。

※烘焙百分比 VS. 實際百分比

烘焙百分比			實際百分比		
材料名稱	%	重量（g）	材料名稱	%	重量（g）
低筋麵粉	100	500	低筋麵粉	35	500
細砂糖	50	250	細砂糖	17.48	250
油脂	30	150	油脂	10.48	150
全蛋	70	350	全蛋	24.48	350
奶粉	3	15	奶粉	1.01	15
水	30	150	水	10.5	150
鹽	2	10	鹽	0.7	10
泡打粉	1	5	泡打粉	0.35	5
合計	286	1,430	合計	100	1,430
1.配方總百分比286%，超過100%。 2.麵粉百分比為100%。			1.配方總百分比等於100%。 2.麵粉百分比為35%。		

三、烘焙百分比與實際百分比之換算

※已知烘焙百分比，換算成實際百分比

公式

$$\text{實際百分比}=\frac{\text{材料的烘焙百分比}\times 100}{\text{配方總百分比}}$$

舉例：

以上表爲例，已知烘焙百分比中的低筋麵粉爲100%，換算成實際百分比爲：

$$\frac{100\times 100}{286}=35$$ 即低筋麵粉的實際百分比

※已知實際百分比，換算成烘焙百分比

公式

$$\text{烘焙百分比}=\frac{\text{材料的實際百分比}\times 100}{\text{麵粉實際百分比}}$$

舉例：

以上表爲例，已知實際百分比中的細砂糖爲17.48%，換算成烘焙百分比的細砂糖百分比爲：

$$\frac{17.48\times 100}{35}=50$$ 即細砂糖的烘焙百分比

四、用量與比例的換算

※將配方中每項材料的重量，換算成百分比，有助於瞭解配方特性或掌握配方平衡。

公式	$材料百分比=\frac{材料的重量\times 100}{麵粉的重量}$

舉例：

以上表爲例，已知每項材料的重量，求每項材料的烘焙百分比。

例如：油脂的重量爲150g，則烘焙百分比爲：

$$\frac{油脂的重量（150g）\times 100}{麵粉的重量（500g）}=30$$ 即油脂的烘焙百分比

例如：細砂糖重量爲250g，則烘焙百分比爲：

$$\frac{材料的重量（250g）\times 100}{麵粉的重量（500g）}=50$$ 即細砂糖的烘焙百分比

※將配方中每項材料的比例換算成重量，有助於秤料。

公式	麵粉重量 × 材料百分比 ＝材料重量

舉例：

以上表爲例，已知每項材料的烘焙百分比，求每項材料的重量。

例如：細砂糖的烘焙百分比爲50%，則重量爲：

麵粉重量（500g）×細砂糖百分比（50%）＝250g　即細砂糖的重量

例如：奶粉的烘焙百分比爲3%，則重量爲：

麵粉重量（500g）×奶粉百分比（3%）＝15g　即奶粉的重量

五、已知總數量以及單位重量求出材料用量

已知某種烘焙產品的總數量，以及產品的單位重量，即可算出該準備多少材料才適當；然而從秤料開始到攪拌、分割的整個製作過程中，材料容易損耗，甚至在烤焙過程中，麵糰（或麵糊）都會失去水份；爲了符合成品重量的要求，因此在計算材料用量時，必須將製作與烤焙時的損耗率列入，以求精準。

公式

1. 產品的總重量＝產品的單位重量（g）×數量
2. 加入損耗率後，實際該準備的麵糊或麵糰用量

$$\text{實際的用量} = \frac{\text{產品的總重量}}{1 - \text{損耗率}}$$

$$\text{求麵粉用量} = \frac{\text{實際的用量} \times 100}{\text{配方總和}}$$

求各項材料用量＝麵粉用量×材料百分比

損耗率：一般麵包類的製作重量須加5%的損耗，西點蛋糕則加9%的損耗。

舉例：

依照下表配方，欲製作小餐包100個，每個重量60g，已知損耗率為5%，求1.需要準備多少材料用量？2.配方中各項材料的用量？

材料名稱	百分比（%）	重量（g）
高筋麵粉	100	3235
細砂糖	15	3235×15%＝485
鹽	1	3235×1%＝32
即溶酵母粉	1.2	3235×1.2 %＝39
全蛋	10	3235×10 %＝324
水	58	3235×58 %＝1876
無鹽奶油	10	3235×10 %＝324
合計	195.2	6,315g

解答：

產品的總重量＝60g×100＝6000g

實際麵糰用量＝$\frac{6000g}{1-5\%}$＝6315g

麵粉用量＝$\frac{6315\times100}{195.2}$＝3235g（四捨五入）

細砂糖用量＝3235×15%＝485g

其他各項材料依同樣算法，即求得所有材料份量，如表中的重量明細。

第四章 蛋糕

· 蛋糕基本分類
· 蛋糕製作要點
· 蛋糕製作基本步驟
· 蛋糕裝飾
· 蛋糕的品嚐與保存
· 蛋糕實作

身爲現代消費者，品嚐蛋糕肯定是愉悅又滿足的，從五花八門的口味到炫麗奪目的亮眼造型，在多樣化的選擇下，讓人們的視覺與味覺達到極致的享受。豐富的蛋糕世界，靠著食材的變化應用得以做出前所未有的創新口味，因此所謂的蛋糕，絕非只是局限於傳統的既定印象而已；然而百變的蛋糕製作總在最基本的類型下變化延伸，因此只需掌握幾個基本製作方式，並搭配各式可運用的素材，那麼無論是香酥堅果的歐式蛋糕、甜蜜乾果的奶油蛋糕、新鮮蔬果提味的海綿蛋糕或香醇巧克力調和的馬芬蛋糕等，都能展現風味迥異的蛋糕類別，分別在不同的時令、季節或特別的日子，給人們帶來無限歡樂。

蛋糕基本分類

蛋糕的世界中，在不同的配方比例或是不同的製作方式下，進而會出現濃稠不一的麵糊狀，最後經過高溫烘烤，即呈現不同風味與口感的蛋糕類別，大致可分成下列幾大類：

一、麵糊類（Batter Type）

利用配方中的固體奶油製作而成，經過攪打後拌入空氣，麵糊烘烤受熱產生鬆發性的組織，即可製成「奶油蛋糕」（Butter Cake），因配方中油脂含量的高低又分成「重奶油蛋糕」及「輕奶油蛋糕」，前者油脂含量40%~100%，因油脂含量高可在攪拌過程中拌入大量空氣，即使只添加少量膨大劑，也能使蛋糕膨大；後者油脂含量30%~60%，油脂含量較少，除了靠打發作用外，還必須藉由適量的膨大劑——泡打粉或小蘇打粉，才能幫助蛋糕膨脹鬆軟。

這類型蛋糕的製作方式，分糖油拌合法及油粉拌合法：

(一)糖油拌合法

此法用於「重奶油蛋糕」及「輕奶油蛋糕」。將固體的奶油放在室溫下軟化後，與細砂糖攪拌均勻，再分次加入蛋液或其他液體材料，用攪拌器打發，最後篩入粉料，再以橡皮刮刀以不規則方向拌合成麵糊狀。

(二)油粉拌合法

此法用於「重奶油蛋糕」。將固體的奶油放在室溫下軟化後，與過篩後的粉料用橡皮刮刀先稍微拌合，改用攪拌器由慢速至中速攪拌成糊狀，再分次加入蛋液及細砂糖，繼續快攪均勻。

二、乳沫類（Foam Type）

不需使用化學膨大劑，而是利用攪拌蛋液拌入空氣，或以打發蛋白本身的韌性組織，使麵糊烘烤受熱產生鬆發性的作用，因配方、製作的不同分爲兩種蛋糕：

(一)海綿蛋糕（Sponge Cake）

顧名思義即是具有如海綿般的彈性特色，分爲蛋糖拌合法及法式分蛋打發法兩種製作方式。

全蛋打發法（蛋糖拌合法）

蛋糖拌合法是較常利用的海綿蛋糕製作方式，即蛋液與細砂糖用攪拌器由慢速至快速攪打，顏色由深慢慢變淺，再篩入粉料，接著加入液體材料，改用慢速輕輕拌成麵糊，即可進行烤焙。

法式分蛋打發法

全蛋分成蛋黃與蛋白後，將蛋黃與細砂糖先混合均勻，接著將蛋白與細砂糖攪打至九分發後，分次與蛋黃糊攪勻，最後篩入粉料，用橡皮刮刀拌勻，進行烤焙，即成「法式海綿蛋糕」。

(二)天使蛋糕（Angel Cake）

製作天使蛋糕採用蛋白打發法，以大量的打發蛋白，使蛋糕體膨大，不含蛋黃、油脂、化學膨大劑及其他液體材料，成品內部色澤潔白，因而得名。

三、戚風類（Chiffon Type）

結合麵糊類與乳沫類蛋糕兩者製作方式，又稱兩部拌合法，即是「戚風蛋糕」的製作方式，戚風原意是指如絲綢般的細緻，內含豐富的水分，同時藉由打發的蛋白產生鬆發的組織特性。

四、其他類

簡易蛋糕（Simple Cake）可採液體拌合法，僅需將濕性與乾性材料個別先混合，再全部拌合成麵糊即可烤焙，例如美式家常蛋糕——馬芬

（Muffin）。以液體油製作或將固體的奶油融化，再與其他液體材料攪拌均勻，最後加入粉料拌合；未經打發過程，完全以泡打粉或小蘇打粉當作膨大劑，內部組織有不規則的大小孔洞。

蛋糕製作要點

在基本製作原則下，掌握幾項要點，便可達到事半功倍的效果，並從中感受各式蛋糕的製作樂趣。

一、食材的運用

毫無疑問地，選用品質良好的材料並搭配適當的製作方式，才能烘烤出美味的蛋糕。

1. 依各式蛋糕的不同屬性，選用適當的油脂，才能達到蛋糕該有的特性，例如：天然的無鹽奶油製作奶油蛋糕，就比人造的酥油或白油風味好。然而選用液體油來製作馬芬蛋糕，才能維持蛋糕體的濕潤度與細緻。
2. 如需要的食材無法取得，則必須以同屬性的材料做替換，例如：葡萄乾可改換成蔓越莓乾或是藍莓乾、榛果粉可換成杏仁粉、檸檬汁可換成柳橙汁等。

二、事前的準備

1. 製作前，確認一下製作方式，在「最佳」的狀態下，才可順利進行材料的拌合動作，奶油是該「軟化」（圖1）或是該「融化」（圖2），絕對影響製作過程中的「要求」。

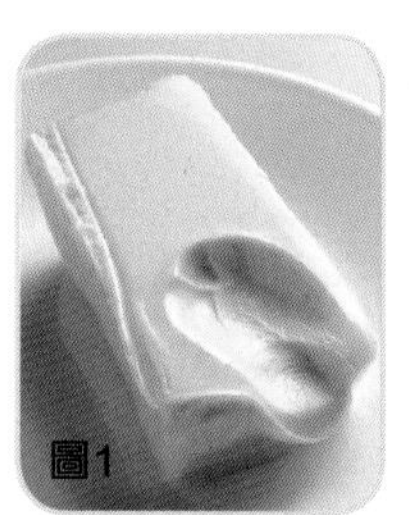
圖1

圖2

2. 各式蔬果類的切割、熬煮、糖漬必須事先完成，待降溫後才可與其他材料拌合 而葡萄乾更需提前浸泡在蘭姆酒內，泡軟後才可增添風味（圖3）。

圖3

圖4

3. 依據麵糊的特性或烤模材質的不同，在使用烤模前可能需要先抹油、鋪紙或撒粉，否則會影響成品能否順利脫模。
   (1) 需要抹油：鋁合金製品（圖4）、鐵弗龍凹凸的製品（圖5）。
   (2) 需要鋪紙：大面積成品鋪紙後可方便脫模（圖6、圖7）。
   (3) 需要抹油撒粉：麵糊溼度高，同時使用的是易沾黏的烤模（圖8）。

圖6

圖7

圖8

三、攪拌的方式

無論何種蛋糕種類，必定是將濕性與乾性材料混合成不同濃稠度的麵糊，然而是否掌握製作中的方式與使用的工具，卻會影響蛋糕口感的優劣與成敗。

四、烤模的應用

因不同的麵糊種類，來搭配適合的烤模，並在適當的時間內烘烤完成，才會得到最佳品質的蛋糕。例如，需要膨脹空間的戚風蛋糕，就不適合以小型的烤模製作；紮實的奶油蛋糕就需選用快速受熱的長條模或是小型烤模，才容易掌握火候與時間，否則以大型模具烘烤，時間過久，邊緣即會過厚且粗糙。

1. 奶油蛋糕類：適合長條型烤模、小型紙模。
2. 海綿蛋糕類：適合大尺寸的金屬烤模。
3. 戚風蛋糕類：適合大尺寸的金屬烤模，或是中空且底部可活動的金屬烤模，注意不可使用鐵氟龍不沾烤模。
4. 天使蛋糕類：適合中空的金屬烤模。
5. 馬芬蛋糕類：適合小型紙模。

五、出爐的確認

蛋糕烘烤完成後，打開烤箱後可依下列幾項原則來判斷是否已達理想的烘烤程度：

1. 用小尖刀插入麵糊中央，完全沒有沾黏（圖9）。
2. 用手輕拍蛋糕表面，具有明顯的彈性（圖10）。
3. 一般外觀的上色程度，呈標準具賣相的金黃色（例外：除非是乳酪蛋糕或是刻意保持溼度高的蛋糕，則可在八、九分熟出爐）。

圖9

圖10

蛋糕製作基本步驟

一、麵糊類（Batter Type）

麵糊類的蛋糕製作，關鍵在於油脂的攪拌，而攪拌的時間、速度與油脂狀態，直接影響蛋糕的體積、組織鬆軟度與細緻度。

攪拌方式	基本步驟
糖油拌合法	1.固體油脂在室溫下軟化後，與糖及鹽一同放入攪拌缸內，用槳狀攪拌器由慢轉中速攪拌均勻至鬆發狀。 2.將蛋液少量多次方式加入打發的奶油糊中，持續攪拌至完全均勻無顆粒狀，且顏色已變淡。 3.液體材料（如牛奶）與過篩後的粉料，以交替方式加入上述混合物中，以慢速拌勻。 4.麵糊倒入模型中，表面抹平即可烤焙。

油粉拌合法	1.將麵粉、泡打粉一起過篩後，與所有的油脂一同放入攪拌缸內，先用橡皮刮刀稍微拌合。 2.用槳狀攪拌器由慢轉中速攪拌均勻成鬆發狀。 3.將糖、鹽加入上述的麵糊中，繼續攪拌均勻。 4.將蛋液及其他液體材料（如牛奶）少量分次加入上述麵糊中，攪拌至完全均勻無顆粒狀。 5.麵糊倒入模型中，表面抹平即可烤焙。
兩者比較	前者比後者的蛋糕體積大，而後者的蛋糕組織較細緻。

注意事項
1.烤箱先預熱。
2.粉料一起過篩，全蛋攪散備用。
3.攪拌過程中需適時停機刮缸，以利攪拌均勻。
4.避免過度攪拌而拌入過多空氣，造成蛋糕組織鬆散。
5.拌入粉料以慢速攪拌，勿過度攪拌以免出筋。

二、乳沫類（Foam Type）

此類型蛋糕的製作重點需注意蛋液（以及蛋白）的打發程度與攪拌方式，才能製作出既有彈性又具鬆發性的蛋糕體。

攪拌方式	基本步驟
全蛋打發法	1.將全蛋液與糖放入攪拌缸內，以隔水加熱方式加熱至40℃左右，同時需以打蛋器攪拌，以免蛋液受熱結粒。 2.用球形攪拌器打發至乳白色，當蛋糊呈現濃稠狀時，滴落後的線條不易消失。 3.將過篩後的粉料全部倒入上述蛋糊中，以慢速拌勻至無顆粒的麵糊狀。 4.取少量的麵糊，倒入事先已混合好的液體油脂與牛奶（或其他液體材料）內，用橡皮刮刀拌勻後，即可倒回上述的麵糊中。 5.將以上的混合物用橡皮刮刀輕輕拌勻，倒入模型內將表面抹平即可烤焙。

分蛋打發法	1.將蛋白、蛋黃分開後，分別秤出所需的用量。 2.蛋黃與配方中部分的細砂糖（約1／3的量）一起放入打蛋盆中，用打蛋器攪拌至細砂糖融化，成為顏色變淡的蛋黃糊。 3.接著分次加入沙拉油，攪拌均勻至乳化狀（有些配方未加沙拉油，此步驟則免）。 4.蛋白與塔塔粉用球形攪拌器攪打至溼性發泡，但仍呈流動狀時，即分三次加入細砂糖及鹽，繼續攪拌至乾性發泡。 5.取1／3的打發蛋白拌入步驟3的蛋黃糊中，用打蛋器稍微拌合。 6.加入剩餘的蛋白，輕輕地從容器底部刮起拌勻。 7.篩入麵粉，用打蛋器拌合成均勻的麵糊，倒入模型內將表面抹平即可烤焙。
蛋白打發法	1.蛋白與塔塔粉用球形攪拌器攪拌至溼性發泡，但仍呈流動狀時，即分三次加入細砂糖及鹽，繼續攪拌至乾性發泡。 2.加入香草精攪拌均勻。 3.將過篩後的麵粉倒入打發的蛋白中，用打蛋器從容器底部刮起拌成均勻的麵糊。 4.麵糊倒入烤模內，將麵糊表面抹平即可烤焙。
三者比較	1.全蛋打發法：具彈性，組織有彈性且鬆軟。 2.分蛋打發法：具彈性，組織更具有彈性且鬆軟綿細。 3.蛋白打發法：具彈性與韌性，組織潔白。

注意事項
1.烤箱先預熱。
2.粉料一起過篩備用。
3.拌入麵粉時，勿攪拌過度，以免消泡。

三、戚風類（Chiffon Type）

只要掌握蛋白的打發程度，再配合最後的拌合方式，即能順利製作戚風蛋糕。

攪拌方式	基本步驟
兩部拌合法	1.將蛋白、蛋黃分開後，分別秤出所需的用量。 2.低筋麵粉、泡打粉一起過篩備用。 3.蛋黃加入細砂糖及鹽，用打蛋器攪拌至細砂糖融化。 4.分別加入沙拉油、牛奶及香草精繼續拌勻。 5.同時篩入低筋麵粉及泡打粉，用打蛋器以不規則的方向，輕輕拌成均勻的麵糊。 6.蛋白加塔塔粉用球形攪拌器攪打至溼性發泡，但仍呈流動狀，分三次加入細砂糖，繼續攪打至乾性發泡。 7.取約1／3的打發蛋白，加入麵糊內，用橡皮刮刀輕輕地稍微拌合。 8.加入剩餘的蛋白，繼續用橡皮刮刀輕輕地從容器底部括起拌勻。 9.將麵糊刮入模型內，並將表面抹平即可烤焙。
產品特色	水份含量高，組織鬆軟細緻，口感清爽。
注意事項 1.烤箱先預熱。 2.粉料一起過篩備用。 3.蛋白勿過度打發，以免不易拌合。 4.模型不可抹油，並避免使用鐵氟龍的製品。	

四、其他類

此種方式是蛋糕類型中最簡易的製作方式。

攪拌方式	基本步驟
液體拌合法	1.全蛋加細砂糖用打蛋器攪拌均勻，再分別加入沙拉油及牛奶攪成均勻的液體狀。 2.低筋麵粉、泡打粉（及其他粉料）一起過篩，再加入上述液體中，改用打蛋器以不規則方向輕輕攪拌呈均勻的麵糊。 3.用湯匙將麵糊舀入紙模內約七分滿，即可烤焙。
產品特色	組織紮實具大小孔洞，口感濃郁。

注意事項
1.烤箱先預熱。
2.拌入麵粉時勿攪拌過度，以免出筋。
3.麵糊拌好後，可放在室溫下靜置10分鐘左右，使得麵糊更穩定，有助於組織的細緻度。

蛋糕裝飾

一、蛋糕裝飾的目的

所謂「佛要金裝，人要衣裝」，蛋糕裝飾的目的，也有異曲同工之妙，除了引起視覺焦點外，更能讓原本單純的蛋糕體提升價值。試想一個剛出爐的蛋糕體，就外觀而言，欠缺亮麗外表，實在無法吸引人們目光，如果藉由「裝飾」過程、抹上滑順的霜飾、搭配好吃的內餡，產品價值會立即加分（圖11）。

圖11

一般而言，蛋糕裝飾基本上具有以下意義與目的：

1. 增加美觀：藉由裝飾過程，提升蛋糕外觀的視覺效果，令人感到垂涎欲滴，進而挑動食慾。
2. 延長保鮮期限：蛋糕體在與空氣接觸後，水分易流失，鮮度也會跟著降低，而蛋糕裝飾如同替蛋糕增加保鮮的防護罩。
3. 量身訂做的創意：可依受禮者的口味偏好，設計蛋糕外觀並搭配各式夾心餡料，禮輕情義重。
4. 藝術性的產品：藉由不同霜飾的應用、各種食材的搭配下，花點巧思精心設計，往往可以創造如藝術品般且獨一無二的產品。

二、蛋糕裝飾的流程

蛋糕裝飾的流程大致可說明如下：蛋糕體製作→製作霜飾→準備所需配料或夾心→抹面→擠花→將蛋糕冷藏（或包裝）。

(一)霜飾製作

「霜飾」用於蛋糕體，具兩種意義，一是提升品嚐時的口感風味，二是美化視覺效果；也就是說，將霜飾應用在蛋糕裝飾時，必須兩者兼顧，才能達到味覺、視覺的感官享受，因此霜飾的品質與製作，直接影響蛋糕裝飾的效果。

以下是常用的霜飾：

鮮奶油霜飾（Whipped Cream）

一般鮮奶油霜飾大多利用「植物性鮮奶油」製作，其效果優於「動物性鮮奶油」，在攪打時需注意以下原則，才能達到最佳鬆發性與光澤度：

1. 攪拌速度由慢而快。
2. 在低溫環境中操作，可將放有鮮奶油的容器置於加了冰塊的冷水中攪拌。
3. 鬆發度與濃度要適當，達到適宜抹面或擠花的效果。

製作流程	將須要的鮮奶油用量倒入攪拌缸內，先以低速攪拌再慢慢加速，繼續攪拌後鮮奶油呈鬆發狀且不會流動即可。

奶油霜飾（Butter Cream）

很多人對於蛋糕體上塗著厚厚的一層奶油，通常不具好感，究其原因，是因調製的配方是以酥油、白油等人造油脂取代天然奶油（Butter），會讓人產生膩口的感覺，因此欲製作優質的奶油霜飾，宜選用融點低、具天然奶香的動物性奶油爲佳。

製作流程	即義大利蛋白霜（如p.165）製作完成且完全降溫後，與軟化的無鹽奶油以快速攪拌均勻呈鬆發狀即可。

巧克力淋醬（Ganache）

巧克力淋醬經常用於蛋糕披覆（coating）上，其次也可用在慕斯類、西餅類的裝飾，其成品外觀亮麗迷人、風味香醇，讓人齒頰留香，製作巧克力霜飾時，尤須注意巧克力的特性，才能順利製作。

1. 儘量選用富含可可脂的苦甜巧克力製作，風味才好。
2. 巧克力的融點低，隔水加熱時，需注意溫度不可過高，否則油水分離時即無法使用。

製作流程	請參考p.194巧克力慕斯的巧克力淋醬作法。

義大利蛋白霜（Meringue）

義大利蛋白霜的主要材料是蛋白、細砂糖及水，當糖水煮到121℃時，沖到已打發的蛋白中，持續攪打至完全降溫，即成細緻潔白的義大利蛋白霜；塗抹在蛋糕體上，利用噴火槍將蛋白霜烤成焦化狀，即具裝飾效果，如檸檬派；或與卡士達醬、果泥、果醬調配混合，當成蛋糕夾心餡使用，口感棉細滑順，可善加利用。

製作流程	請參考p.165檸檬布丁馬林派的義大利蛋白霜作法。

(二)準備所需配料或飾品

搭配蛋糕裝飾的材料

1. 新鮮水果類：如櫻桃、草莓、奇異果、葡萄、藍莓、覆盆子等。
2. 罐頭類：如酒漬櫻桃、糖漬櫻桃、水蜜桃、綜合水果粒等。
3. 堅果類：如開心果屑、烤過的杏仁片等。

製作巧克力飾品

1. 葉片造型：將樹葉洗淨擦乾水份，免調溫的苦甜巧克力隔熱水融化成液體，直接刷在樹葉表面，放入冷藏室約10分鐘凝固後，即可撕除樹葉（圖12）。

圖12

2. 湯匙造型：巧克力液裝入紙製擠花袋內，在袋口剪一小刀口，直接擠在防粘蛋糕紙上，用湯匙刮出造型（圖13）。

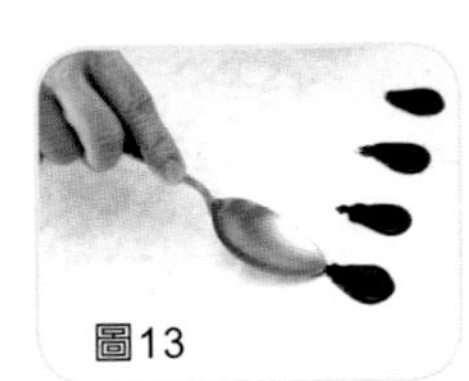
圖13

3. 交叉線條：將巧克力液裝入紙製擠花袋內，在袋口剪一小刀口，在透明塑膠片上擠出交叉線條，放入冷藏室約10分鐘凝固後，即可撕除塑膠片（圖14、圖15）。

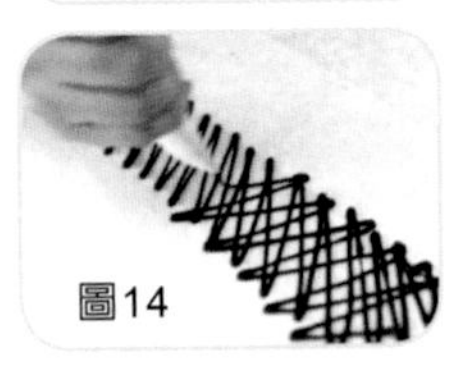
圖14

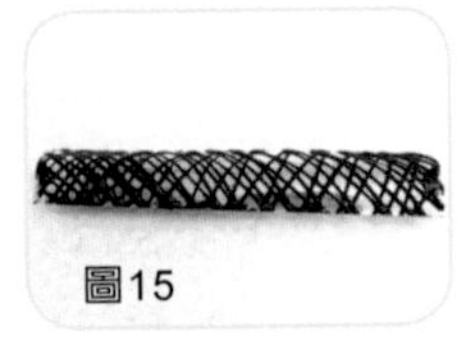
圖15

4. 彎曲線條：巧克力液倒在透明塑膠片，用抹刀抹平後，再用齒狀刮板刮出線條（圖16），接著做出彎曲造型，或放入凹槽容器內塑型，冷藏約10分鐘待凝固，即可撕除塑膠片。

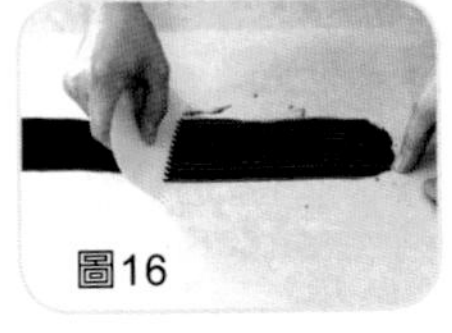
圖16

5. 圖案線條：巧克力液裝入紙製擠花袋內，在袋口剪一小刀口，直接擠出圖案線條在防粘蛋糕紙上，冷藏約10分鐘待凝固，即可取下（圖17）。

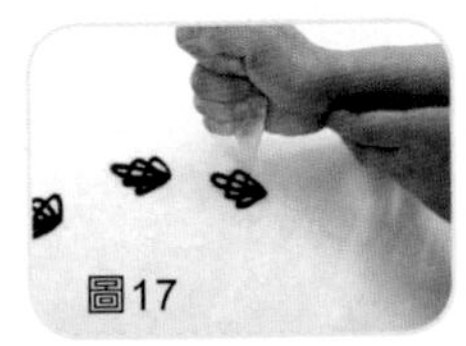
圖17

6. 轉寫紙圖案：轉寫紙用於製作巧克力裝飾，表面花色是以可可脂加上色素製作而成，將巧克力直接抹在表面，待凝固後即可當作裝飾用（圖18、圖19）。

圖18

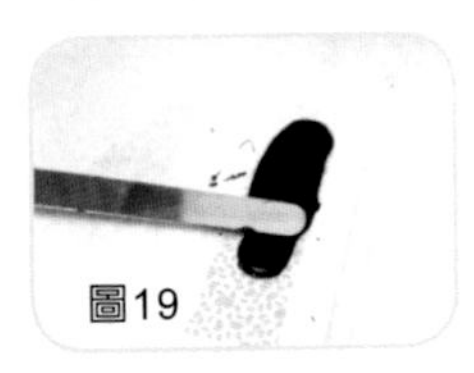
圖19

(三)抹面

「抹面」如同給蛋糕穿上衣服一樣，是蛋糕裝飾首要的工作，利用抹刀與蛋糕轉台即能順利做好抹面工作。尤須注意以下要點才能有助於抹面的進行：

1. 動作需輕巧，將霜飾慢慢推開並抹平，勿將蛋糕屑混在霜飾內。
2. 避免拖延抹面時間，否則霜飾容易變得粗糙，失去亮麗、光滑的外表。
3. 勿提前將鮮奶油放在室溫下，否則不易打發。
4. 巧克力淋醬及義大利蛋白霜製作完成後，放在室溫下等待裝飾，勿存放在冷藏室。

抹面方式

1. 將蛋糕體底部朝上（較平整），用長鋸齒刀將蛋糕體橫切爲二片或三片。
2. 取底部的一片（原來的正面），放在轉台中央位置，抹上均勻的打發鮮奶油（圖20）。
3. 鋪上水蜜桃（或其他餡料），表面再放些鮮奶油並抹平（圖21）。
4. 蓋上另一片蛋糕體，先將側面夾縫間外露的鮮奶油，用抹刀抹平（圖22）。
5. 分別將表面、側面粗略覆蓋鮮奶油，注意側面鮮奶油最好超過蛋糕體的高度。

圖20

圖21

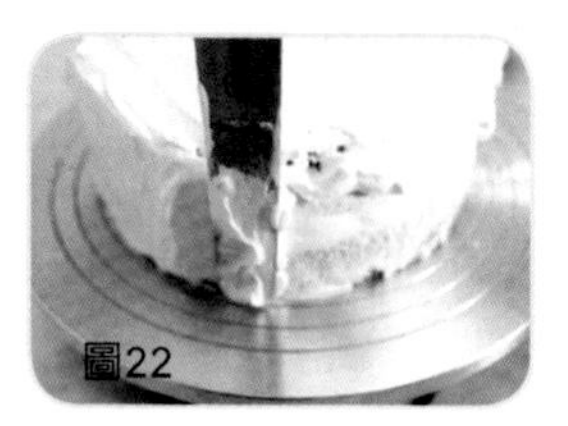
圖22

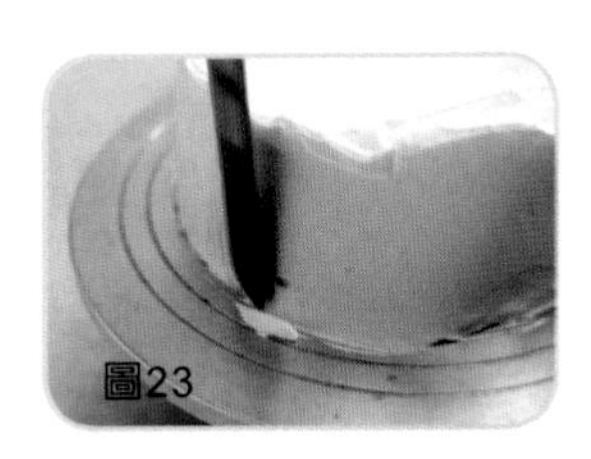
圖23

6. 右手持抹刀直立在蛋糕體左側，並將抹刀1/2的面輕貼鮮奶油，左手轉動轉台，即可將霜飾抹平（圖23）。
7. 用抹刀將表面鮮奶油局部慢慢抹平，注意抹刀勿超過半徑位置（圖24）。

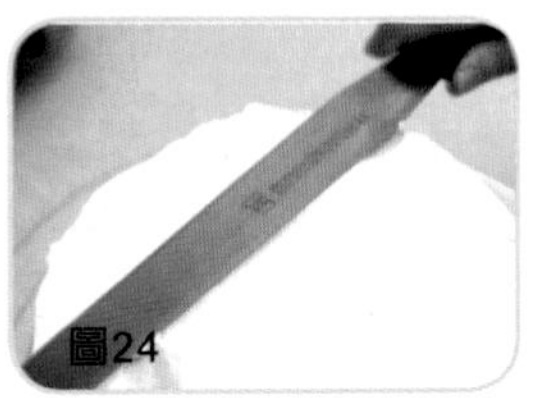
圖24

(四)擠花

完成了蛋糕體抹面的工作後，接下來就是「擠花」。加上擠花，一個單純的霜飾外表，才顯得活潑動人，擠花最主要的工具就是「擠花袋」與「花嘴」。

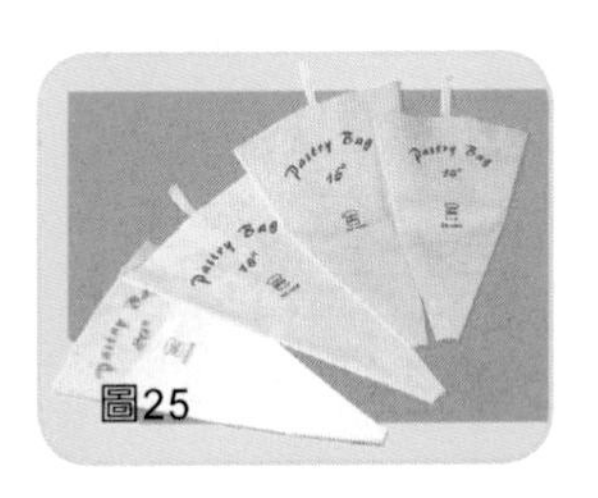
圖25

1. 擠花袋：分為塑膠擠花袋（圖25）及紙製擠花袋兩種：
   (1) 塑膠擠花袋：可在袋內裝入花嘴轉換器，並在袋口套上花嘴，即可隨時依需要更換花嘴，非常方便。
   (2) 紙製擠花袋：用紙自製擠花袋，擠少量的花飾或線條時使用，用完即丟。
2. 擠花嘴：擠花嘴種類繁多，建議從幾個經常使用的開始練習，交錯運用下，即能發揮不同裝飾效果。常用的花嘴有：

(1) 平口花嘴：傾斜45℃，可擠出線條，口徑較小者，可擠出英文字體（圖26）。

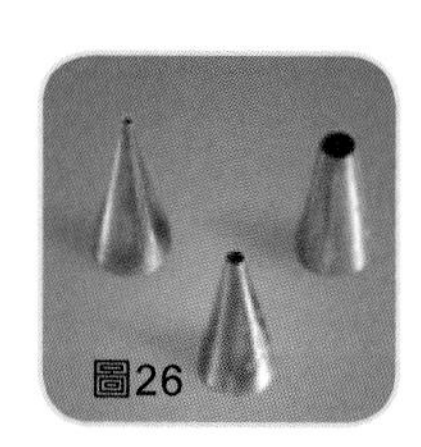
圖26

(2) 尖齒花嘴：傾斜45℃，擠出貝殼造型，垂直角度擠出旋轉的造型（圖27）。

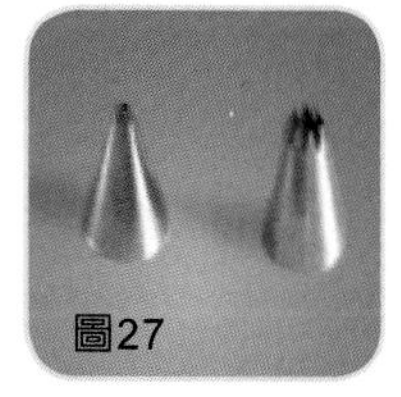
圖27

(3) 扁齒花嘴：傾斜45℃，以長直線、橫短線交叉方式重複地擠，即成竹籃造型（圖28）。

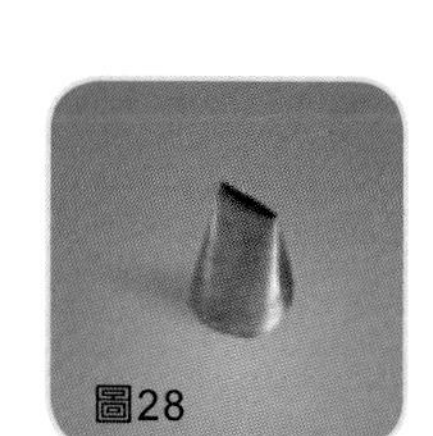
圖28

(4) 花瓣花嘴：傾斜45℃，寬口接觸蛋糕，以上下來回方式擠出霜飾（圖29）。

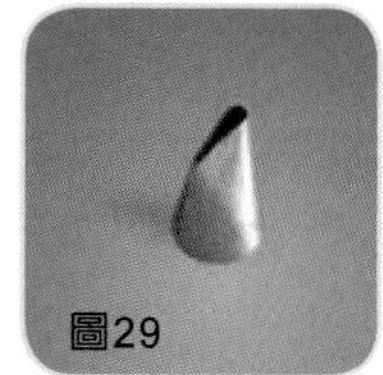
圖29

3. 花嘴轉換器：爲塑膠製品，如螺帽、螺紋造形的兩部分，是更換花嘴的輔助工具（圖30）。

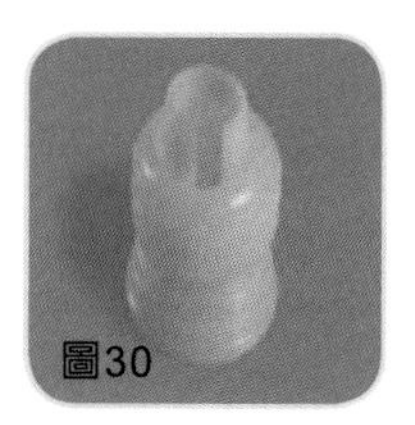
圖30

蛋糕的品嚐與保存

一、蛋糕品嚐

根據不同風味的蛋糕特性，必須講究「冷食」或「熱食」的時機，同時還可恰如其分地搭配醬汁，才會品嚐出蛋糕豐富的口感。

1. 冷食：須待蛋糕體完全冷卻，經過一段時間後，內部組織的各種香氣才得以混合散發。例如：各式奶油蛋糕、戚風蛋糕等。

2. 熱食：堅果、巧克力風味、重口味的蛋糕或鹹味蛋糕等，出爐待稍降溫後，趁熱享受其濃純香的口感。
3. 沾醬：濃郁的食材所製作的蛋糕，可搭配酸性的鮮果醬汁或香草冰淇淋一同食用，不但解膩還可提升多層次的口感。

二、蛋糕保存

恰當的保存方式才可讓蛋糕保持該有的濕潤度與風味，除少部分的乳酪蛋糕可密封冷藏保存外，其餘的大多屬於常溫式的蛋糕，僅需在冷卻後，放入保鮮盒內或是以塑膠袋包裹，放在室溫下保存即可。

蛋糕實作

無論製作哪一種類型蛋糕，首先要瞭解蛋糕鬆發的原理，並掌握不同蛋糕所該具備的特質，熟悉各類蛋糕的基本製作後，進而延伸與變化出更豐富的蛋糕。

重奶油蛋糕

烘焙丙級技術士考題之一

題目★製作每個麵糊重500公克、長條形奶油大理石蛋糕：❶4個 ❷5個 ❸6個。每個麵糊重量可依據承辦單位提供之烤模大小斟酌調整±50克。

配方

材料	百分比（%）	克（g）	製作條件
無鹽奶油	40	226	1.模型：長方形蛋糕模4個 2.烤模處理：抹油撒粉或墊蛋糕紙 3.麵糊重量：@500g／個 4.烤焙溫度：上火170℃／下火180℃ 5.烤焙時間：40~50分鐘
白油	40	226	
乳化劑	2	11	
細砂糖	90	509	
鹽	1.5	8	
全蛋	80	452	
牛奶	25	141	
香草精	1	6	
低筋麵粉	100	565	
泡打粉	0.9	5	
合計	380.4	2,149	

作法（糖油拌合法）

1. 奶油放在室溫下軟化後，與白油同時倒入攪拌缸內，用槳狀攪拌器先以慢速攪打約2~3分鐘。
2. 加入細砂糖及鹽，改用中速攪拌至鬆發狀，攪拌過程需停機數次，用橡皮刮刀刮下附著在缸邊的奶油糊，以利攪拌均勻。
3. 蛋液分3~4次加入，每次加入時須待蛋液完全吸收後，才可繼續加入蛋液，攪拌至光滑細緻（圖a）。
4. 低筋麵粉、泡打粉同時過篩後，先加入1/3的量於奶油糊中，再將牛奶及香草精混合後慢慢倒入，需邊倒邊攪直至光滑（圖b）。
5. 加入剩餘的麵粉，以慢速攪拌均勻即可（圖c）。

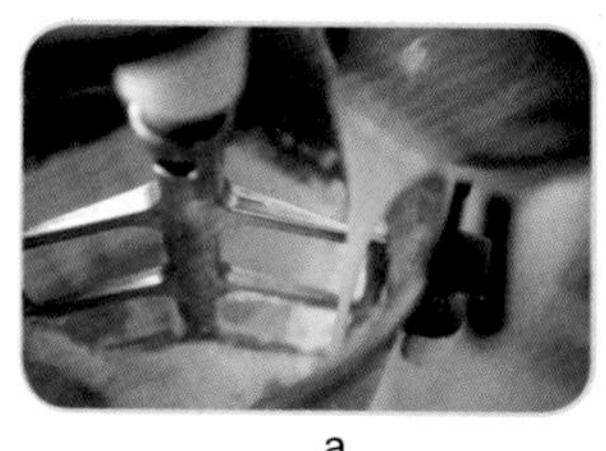
a

b

c

6. 麵糊倒入烤模內約6~7分滿，將表面抹平後入爐烘烤（圖d）。
7. 約25分鐘後，待麵糊表面定型稍微上色時，用小尖刀在表面切出一直線，再繼續烘烤至熟（圖e）。

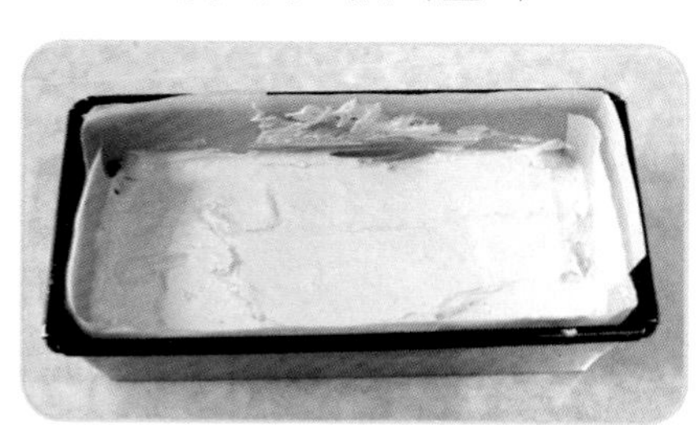
d

e

8. 約20~25分鐘後，用小尖刀插入麵糊中檢視（圖f），若無沾黏即可出爐。
9. 趁熱脫模，放在網架上冷卻（圖g）。

f

g

Tips

※任何攪拌階段，都需停機刮缸，以使材料攪拌均勻。

※本配方的油脂含量在80%以上，以糖油拌合法或油粉拌合法製作均可；惟前者製作方式的體積較大，後者的蛋糕組織較細緻。

※重奶油蛋糕的烘烤時間較長，當蛋糕表面已上色而內部尚未烤熟時，可將上火調低，或是在蛋糕表面蓋上鋁箔紙，以防止表皮上色過度。

奶油大理石蛋糕

烘焙丙級技術士考題之一

題目★製作每個麵糊重500公克、長條形奶油大理石蛋糕：❶4個 ❷5個 ❸6個。白麵糊與巧克力麵糊比例爲5：1，兩種麵糊混合成大理石紋路，再倒入模型中，每個麵糊重量可依據承辦單位提供之烤模大小斟酌調整±50克。

配方

1. 重奶油蛋糕麵糊，即p.54配方一份。
2. 巧克力麵糊：

材料	百分比（%）	克（g）	製作條件
白麵糊	100	320	1.模型：長方形蛋糕模4個 2.烤模處理：抹油撒粉或墊蛋糕紙 3.麵糊重量：@500g／個 4.烤焙溫度：上火170°C／下火180°C 5.烤焙時間：40~50分鐘
無糖可可粉	8	25	
小蘇打粉	0.35	1	
熱水	8	25	
合計	115.35	371	

作法（糖油拌合法）

1. 依p.54的重奶油蛋糕配方製作完成，即白麵糊。
2. 製作巧克力麵糊：
   (1) 自白麵糊內秤取出320g備用。
   (2) 可可粉與小蘇打粉一起過篩後，加入熱水攪拌均勻成可可糊（圖a）。
   (3) 可可糊拌入作法(1)材料中，以橡皮刮刀輕輕拌勻即成巧克力麵糊（圖b）。

a

b

3. 巧克力麵糊倒入白麵糊中，用橡皮刮刀稍微拌合，即倒入烤模內約6~7分滿（圖c），將表面抹平後入爐烘烤（圖d）。

c

d

4. 約20分鐘後，待麵糊表面定型稍微上色時，用小尖刀在表面切出一直線（如p.55的圖e），再繼續烘烤至熟。
5. 約20~25分鐘後，用小尖刀插入麵糊中檢視，若無沾黏即可出爐。
6. 趁熱脫模，放在網架上冷卻。

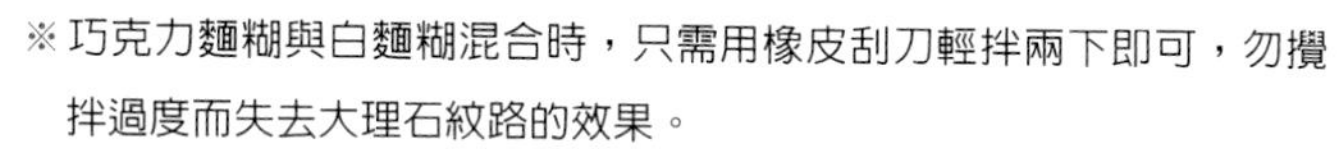

※ 巧克力麵糊與白麵糊混合時，只需用橡皮刮刀輕拌兩下即可，勿攪拌過度而失去大理石紋路的效果。
※ 烘烤方式與p.54的重奶油蛋糕相同。
※ 可視重奶油蛋糕的配方為原味配方，如另添加各式香料、調味料、堅果、蜜漬水果乾，即可變化、延伸出不同口味的奶油蛋糕。
※ 可將配方中的無糖可可粉改為抹茶粉，則可做成綠色（抹茶）大理石蛋糕。

咕咕霍夫

配方

材料	百分比（%）	克（g）	製作條件
杏仁片	14	20	1.模型：直徑15公分、高8公分咕咕霍夫烤模2個 2.烤模處理：抹油撒粉，模型底部放上適量的杏仁片 3.麵糊重量：@400g／個 4.烤焙溫度：上火180℃／下火180℃ 5.烤焙時間：25~30分鐘
葡萄乾	29	40	
藍姆酒	86	120	
蛋黃	21	30	
全蛋	71	100	
無鹽奶油	114	160	
細砂糖	79	110	
蘭姆酒	7	10	
低筋麵粉	100	140	
泡打粉	2	3	
綜合糖漬水果丁	57	80	
合計	580	813	
※裝飾：糖粉		適量	

作法 （糖油拌合法）

1. 葡萄乾加藍姆酒60克浸泡一小時以上；蛋黃與全蛋一起放在同一容器中用湯匙攪成蛋液備用。
2. 無鹽奶油在室溫軟化後，加細砂糖用槳狀攪拌器攪拌均匀。
3. 分次加入作法1的蛋液及藍姆酒10g，繼續以快速方式攪匀。
4. 同時篩入低筋麵粉及泡打粉，改用橡皮刮刀以不規則方向拌匀成麵糊狀。
5. 將葡萄乾擠乾與綜合糖漬水果丁一起加入麵糊中，再用橡皮刮刀輕輕拌匀。
6. 用橡皮刮刀將麵糊刮入烤模內，並將表面抹平，即可烤焙。
7. 成品出爐放涼後脫模，再篩上適量的糖粉裝飾。

※圓形中空具波浪紋路的烤模，即為製作咕咕霍夫的專用特殊模型。

※葡萄乾在使用前浸泡藍姆酒的時間越久蛋糕越入味。

※模型內部防沾用的奶油與麵粉，均為材料中額外的份量。

※易沾黏的成品，製作時需先將烤模抹油撒粉，以利脫模。模型刷上奶油後，接著倒入約一大匙的麵粉，並用手輕拍模型並左右搖晃，使得麵粉均匀地附著在奶油表面，最後再將模型反扣輕敲幾下，再倒出多餘的麵粉。

桂圓核桃蛋糕

配方

材料	百分比（%）	克（g）	製作條件
桂圓肉	90	360	1.模型：直徑5.5公分、高3.5公分紙模約20個 2.麵糊重量：@95g / 個 3.烤焙溫度：上火180°C / 下火180°C 4.烤焙時間：25~30分鐘
無鹽奶油	100	400	
低筋麵粉	100	400	
泡打粉	0.75	3	
紅糖（過篩後）	60	240	
全蛋	90	360	
碎核桃	40	160	
合計	480.75	1,923	

作法（油粉拌合法）

1. 桂圓肉切碎備用。
2. 無鹽奶油在室溫軟化後，同時篩入低筋麵粉及泡打粉，先用橡皮刮刀稍微拌合。
3. 改用槳狀攪拌器由慢速至快速攪拌均勻，成光滑細緻的糊狀。
4. 加入紅糖（圖a），攪拌成均勻的光滑狀（圖b）。
5. 分次加入全蛋（圖c），繼續以快速方式攪勻。
6. 加入作法1的桂圓肉（圖d），以慢速方式攪勻。
7. 用橡皮刮刀將麵糊刮入紙模內約八分滿，再舖上適量的碎核桃即可烤焙。

a

b

c

d

※桂圓肉也可改成葡萄乾，切碎後拌入麵糊內較易入味，使用前不需泡軟。

海綿蛋糕

烘焙丙級技術士考題之一

題目★製作每個麵糊重550公克、直徑8吋海綿蛋糕：❶3個 ❷4個 ❸5個，每個麵糊重量可依據承辦單位提供之烤模大小斟酌調整±50克。

配方

材料	百分比（%）	克（g）	製作條件
全蛋	130	500	1.模型：直徑8吋圓烤模3個 2.烤模處理：底部抹油撒粉或墊蛋糕紙 3.麵糊重量：@550g／個 4.烤焙溫度：上火170℃／下火180℃ 5.烤焙時間：35~40分鐘
蛋黃	40	154	
細砂糖	150	578	
鹽	3	12	
低筋麵粉	100	385	
混合 沙拉油	20	77	
混合 牛奶	20	77	
混合 香草精	1	4	
合計	464	1,787	

作法（全蛋拌合法）

1. 將全蛋、蛋黃、細砂糖及鹽放入打蛋盆中，以隔水加熱方式加熱至35~40℃，注意需邊加熱邊用打蛋器攪拌（圖a）。
2. 將作法1各項材料倒入攪拌缸內，用球形攪拌器先以慢速攪拌約一分鐘，再改中速攪拌成濃稠的乳白色蛋糊。
3. 最後再以慢速攪拌約一分鐘，使蛋糊更加細緻。
4. 倒入過篩後的麵粉，接著加入事先混合好的沙拉油、牛奶及香草精，以慢速攪拌均勻即可（圖b、圖c）。
5. 麵糊倒入烤模內，將表面抹平，即可送入烤箱。
6. 用小尖刀插入麵糊中檢視，若無沾黏即可出爐。
7. 倒扣在網架上，冷卻後即可脫模。

a

b

c

Tips

※製作少量的海綿蛋糕，也可用打蛋器攪拌麵粉。

※打發完成的蛋糊特徵：(1)顏色變成乳白色。(2)麵糊呈濃稠狀，滴落後的線條不會立即消失。(2)麵糊會殘留在攪拌器上，如右圖。

※用手輕拍蛋糕表面的中央，如呈有彈性的觸感，即表示已烤熟。

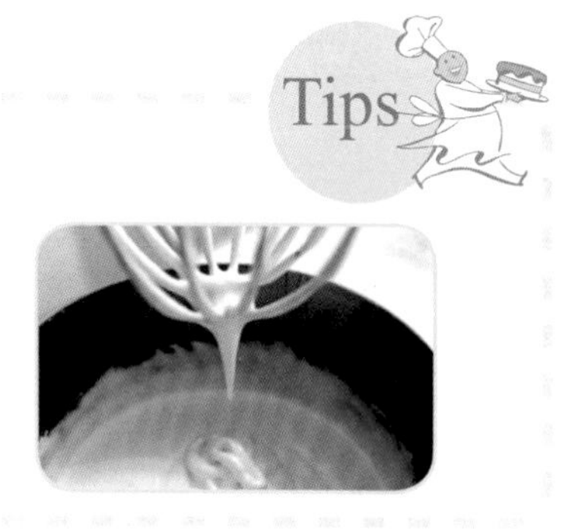

指形小西餅

烘焙丙級技術士考題之一

題目★製作麵糊重量600公克之香草指形小西餅。取❶40片 ❷50片 ❸60片，中間夾奶油餡。每個麵糊重量可依據承辦單位提供之烤模大小斟酌調整±50克。

指形小西餅成品長度爲7±1公分，寬度爲2±0.5公分，表面撒糖粉烤焙，奶油餡由承辦單位提供。

配方

	材料	百分比（%）	克（g）	製作條件
a	蛋黃	60	105	1.模型：準備擠花袋、平口花嘴 2.烤盤處理：鋪上蛋糕紙或不沾布 3.麵糊重量：@550g／個 4.烤焙溫度：上火200℃／下火160℃ 5.烤焙時間：10~15分鐘
a	細砂糖	30	53	
b	蛋白	120	210	
b	塔塔粉	0.5	1	
b	細砂糖	60	105	
b	鹽	0.5	1	
	低筋麵粉	100	175	
	合計	371	650	

作法 （分蛋打發法）

1. 材料a放入打蛋盆中，用打蛋器攪拌至細砂糖融化、顏色變淡的蛋黃糊（圖a）。
2. 材料b的蛋白與塔塔粉用球形攪拌器攪打至溼性發泡，但仍成流動狀，分三次加入細砂糖及鹽，繼續攪打至乾性發泡（圖b）。
3. 取1/3的打發蛋白拌入步驟1做好的蛋黃糊中，用打蛋器稍微拌合（圖c）。

a

b

c

4. 加入剩餘的蛋白，輕輕地從容器底部刮起拌勻（圖d）。
5. 篩入麵粉，用打蛋器拌合成均勻的麵糊（圖e、圖f）。

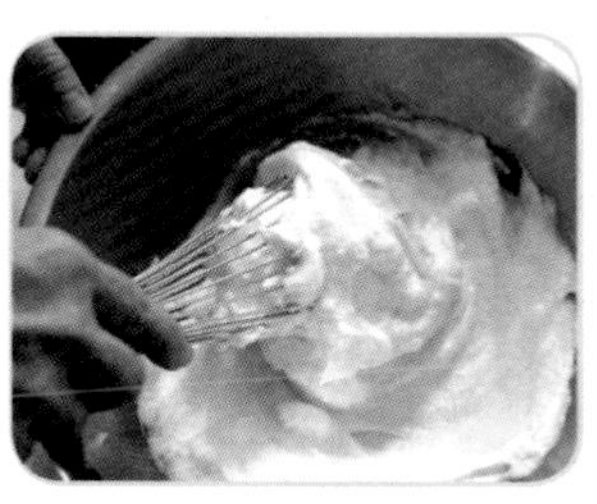
d

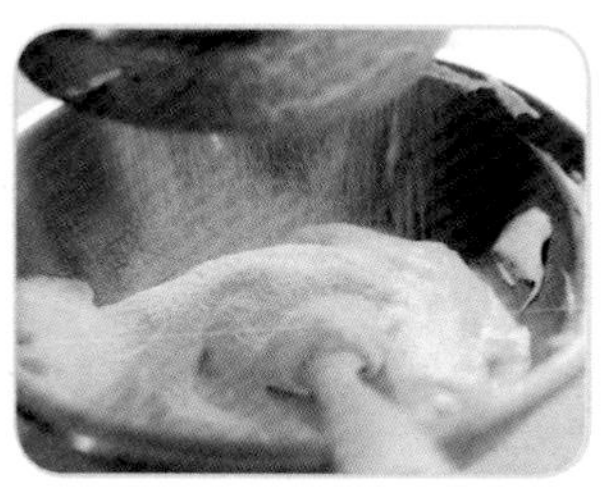
e

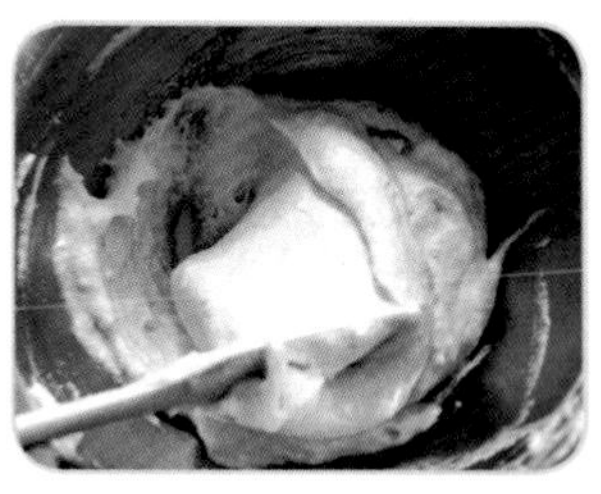
f

6. 將麵糊裝入擠花袋中，以平口花嘴擠出長約7公分、寬約2公分的長條形（圖g）。
7. 在麵糊表面篩上均勻的糖粉，即可入爐烤焙，呈金黃色即可出爐（圖h）。
8. 出爐後的成品趁熱剷起，待冷卻後即可兩片一組抹上奶油霜飾夾心。

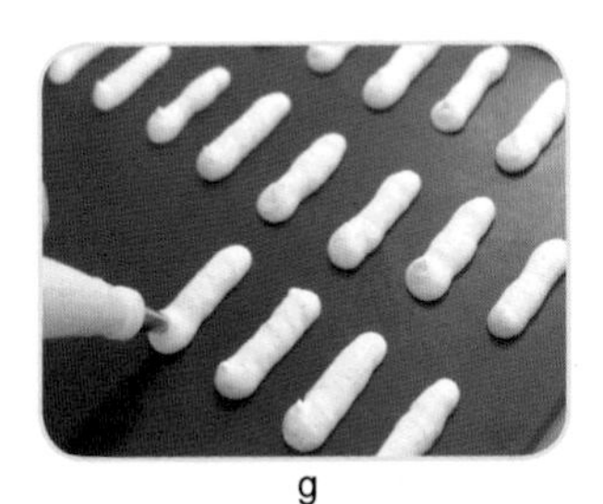
g

h

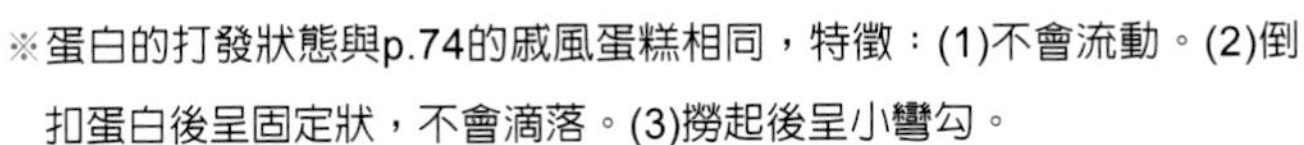

※蛋白的打發狀態與p.74的戚風蛋糕相同，特徵：(1)不會流動。(2)倒扣蛋白後呈固定狀，不會滴落。(3)撈起後呈小彎勾。

※擠製指形麵糊時，可先將第一個的標準長度、寬度擠好，接著依著長度大小順著擠出麵糊。

※成品烤好後，須趁熱剷起，避免沾黏不易取出。

※如麵糊擠在一般未具防沾效果的蛋糕紙上時，可待成品冷卻後，在紙張背面噴上霧水，即可取下成品。

法式海綿小蛋糕

配方

材料	百分比（%）	克（g）	製作條件
蛋黃	133	80	1.模型：直徑5.5公分、高3.5公分紙模12個 2.麵糊重量：@30 g / 個 4.烤焙溫度：上火180℃ / 下火180℃ 5.烤焙時間：20~25分鐘
細砂糖	100	60	
香草精	5	3	
蛋白	200	120	
細砂糖	50	30	
低筋麵粉	100	60	
玉米粉	67	40	
椰子粉	33	20	
合計	688	413	

作法（分蛋打發法）

1. 蛋黃加細砂糖及香草精用打蛋器攪拌均勻（圖a）。
2. 蛋白用球形攪拌器攪打成粗泡狀，分三次加入細砂糖，以快速方式攪打後蛋白漸漸地呈發泡狀態，攪打的同時明顯出現紋路狀，最後呈小彎勾的九分發狀態即可。
3. 取1/3的打發蛋白拌入作法1的蛋黃糊中（圖b），用打蛋器稍微拌合（圖c）。

a

b

c

4. 加入剩餘的蛋白（圖d），輕輕地從容器底部括起拌勻。
5. 同時篩入低筋麵粉及玉米粉（圖e），繼續用橡皮刮刀將粉料壓入蛋白內（圖f），並拌合成均勻的麵糊。

d

e

f

6. 用橡皮刮刀將麵糊刮入紙模內約九分滿（圖g），並撒上均匀的椰子粉（圖h），即可烤焙。

g

h

※九分發的蛋白，撈起後呈現小彎勾（如右下圖）；與戚風蛋糕的蛋白打發狀態相同。

※為避免攪拌過度，當打發的蛋白與蛋黃糊稍微拌合後，即可篩入粉料。

※法式分蛋海綿蛋糕的配方，液體的份量較少，最後可利用橡皮刮刀將粉料壓入蛋白內的方式，即可輕易地拌合均勻。

香草天使蛋糕

烘焙丙級技術士考題之一

題目★製作每個麵糊重550公克、直徑8吋空心天使蛋糕：❶2個 ❷3個 ❸4個，每個麵糊重量可依據承辦單位提供之烤模大小斟酌調整±50克。

配方

材料	百分比（%）	克（g）	製作條件
蛋白	280	560	1.模型：直徑8吋空心圓模2個。 2.烤模處理：擦乾水分、不可抹油 3.麵糊重量：@550g / 個 4.烤焙溫度：上火180℃ / 下火190℃ 5.烤焙時間：30~35分鐘
塔塔粉	3.5	7	
細砂糖	185	370	
鹽	2	4	
香草精	3	6	
低筋麵粉	100	200	
合計	573.5	1,147	

作法 （蛋白打發法）

1. 蛋白與塔塔粉用球形攪拌器攪打至溼性發泡，但仍呈流動狀，分三次加入細砂糖及鹽，繼續攪打至乾性發泡。
2. 加入香草精攪拌均勻。
3. 將過篩後的麵粉倒入打發的蛋白中，用打蛋器從容器底部刮起拌成均勻的麵糊。
4. 麵糊倒入烤模內，並將麵糊表面抹平即可烤焙。
5. 麵糊烤至金黃色，並以小尖刀插入麵糊中檢視，若無沾黏即可出爐。
6. 倒扣在網架上，冷卻後即可脫模。

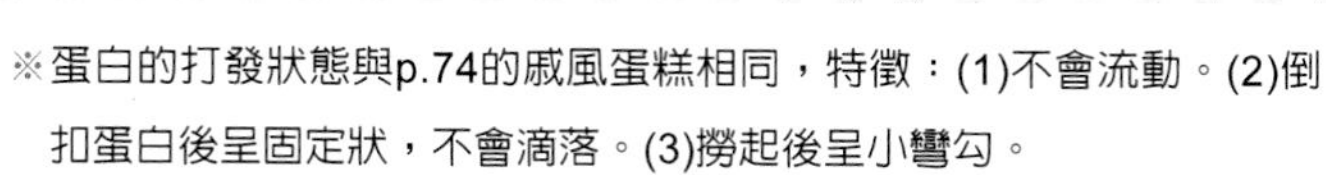

※蛋白的打發狀態與p.74的戚風蛋糕相同，特徵：(1)不會流動。(2)倒扣蛋白後呈固定狀，不會滴落。(3)撈起後呈小彎勾。

※注意成品表面須烘烤上色，同時用手輕拍時，具彈性觸感才可出爐，否則成品易出現濕黏狀態。

※天使蛋糕具有良好彈性與韌性，用手輕輕地從蛋糕邊緣剝離烤模，即可順利脫模不至損壞。

香草戚風蛋糕

烘焙丙級技術士考題之一

題目★製作每個麵糊重500公克、直徑8吋香草戚風蛋糕：❶3個 ❷4個 ❸5個，每個麵糊重量可依據承辦單位提供之烤模大小斟酌調整±50克。

配方

	材料	百分比（%）	克（g）	製作條件
a	蛋黃	60	180	1.模型：直徑8吋活動式圓烤模3個
a	細砂糖	60	180	2.烤模處理：不可抹油、墊紙
a	鹽	2	6	3.麵糊重量：@500g / 個
a	沙拉油	45	135	4.烤焙溫度：上火170℃ / 下火180℃
a	牛奶	70	210	5.烤焙時間：35~40分鐘
a	香草精	1	3	
a	低筋麵粉	100	300	
a	泡打粉	3	9	
b	蛋白	135	405	
b	塔塔粉	1	3	
b	細砂糖	70	210	
	合計	547	1,641	

作法（兩部拌合法）

1. 低筋麵粉、泡打粉一起過篩備用。
2. 材料a的蛋黃加入細砂糖及鹽，用打蛋器攪拌至細砂糖融化（圖a）。
3. 分別加入沙拉油、牛奶及香草精繼續拌勻（圖b、圖c）。

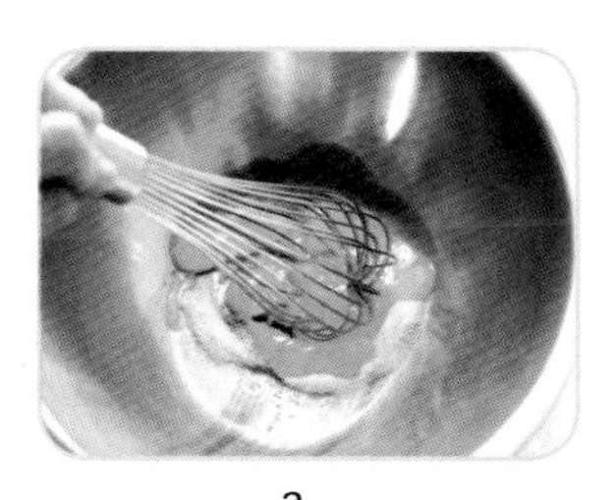
a

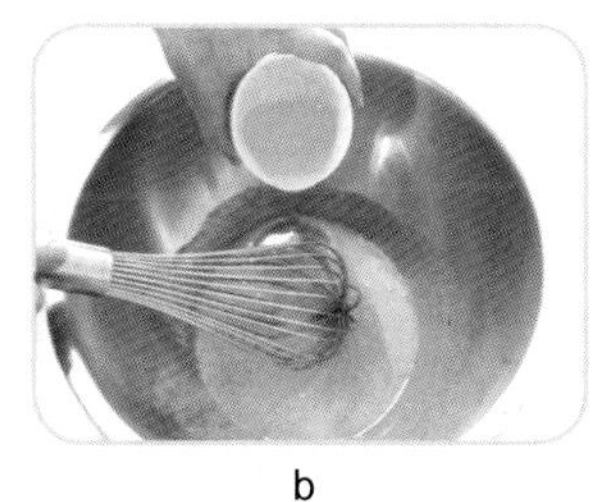
b

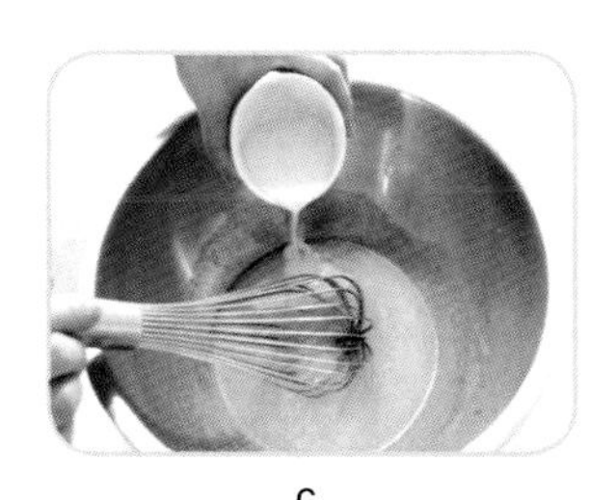
c

4. 同時篩入低筋麵粉及泡打粉，用打蛋器以不規則的方向，輕輕拌成均勻的麵糊（圖d）。
5. 材料b的蛋白加塔塔粉用球形攪拌器攪打至溼性發泡，但仍呈流動狀，分三次加入細砂糖（圖e），繼續攪打至乾性發泡（圖f）。

d

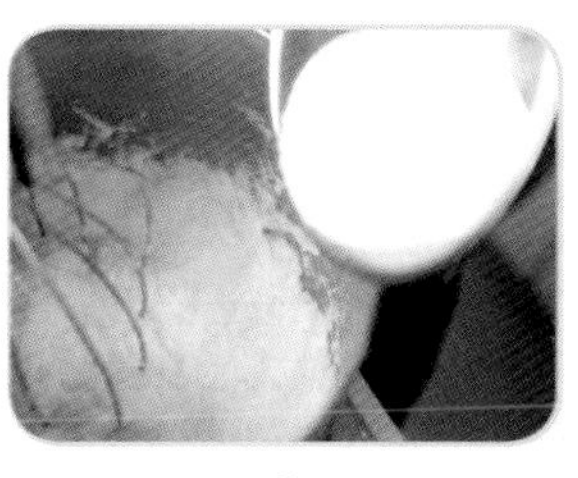
e

f

6. 取約1/3的打發蛋白，加入作法3的麵糊內，用橡皮刮刀輕輕地稍微拌合（圖g）。
7. 加入剩餘的蛋白，繼續用橡皮刮刀輕輕地從容器底部括起拌勻（圖h）。
8. 將麵糊刮入模型內，並將表面抹平即可烤焙（圖i）。

g

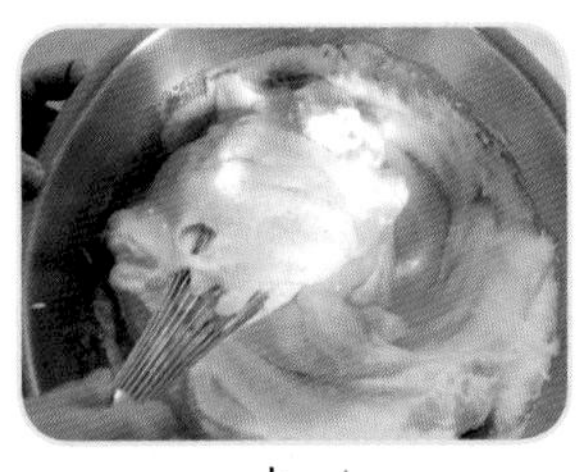
h

i

9. 用小尖刀插入麵糊中檢視，若無沾黏即可出爐（圖j）。
10. 倒扣在網架上，冷卻後即可脫模（圖k）。

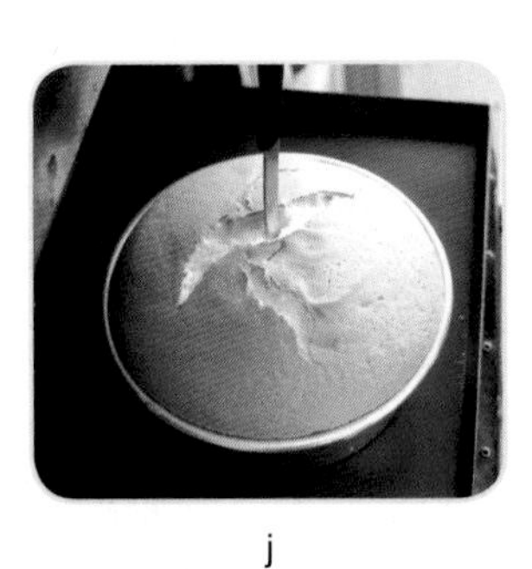
j

k

作法（兩部拌合法）

1. 低筋麵粉、泡打粉一起過篩備用。
2. 材料a的蛋黃加入細砂糖及鹽，用打蛋器攪拌至細砂糖融化（圖a）。
3. 分別加入沙拉油、牛奶及香草精繼續拌勻（圖b、圖c）。

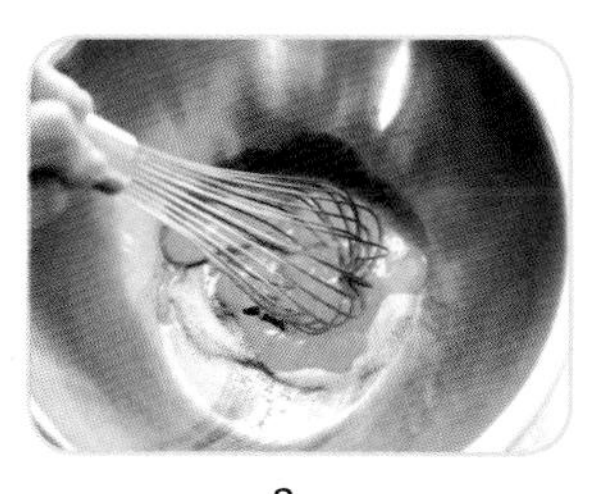
a

b

c

4. 同時篩入低筋麵粉及泡打粉，用打蛋器以不規則的方向，輕輕拌成均勻的麵糊（圖d）。
5. 材料b的蛋白加塔塔粉用球形攪拌器攪打至溼性發泡，但仍呈流動狀，分三次加入細砂糖（圖e），繼續攪打至乾性發泡（圖f）。

d

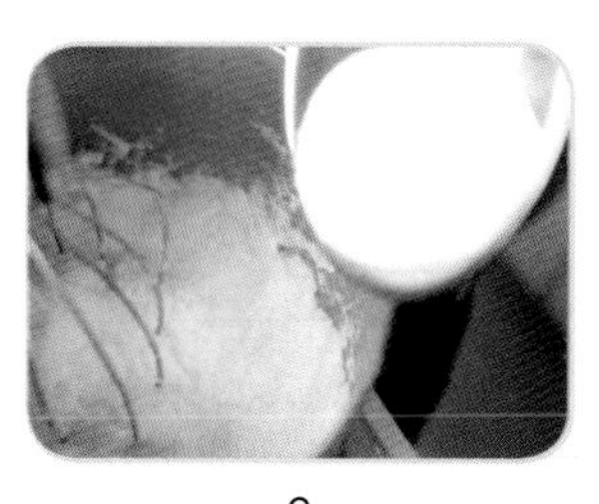
e

f

6. 取約1/3的打發蛋白，加入作法3的麵糊內，用橡皮刮刀輕輕地稍微拌合（圖g）。
7. 加入剩餘的蛋白，繼續用橡皮刮刀輕輕地從容器底部括起拌勻（圖h）。
8. 將麵糊刮入模型內，並將表面抹平即可烤焙（圖i）。

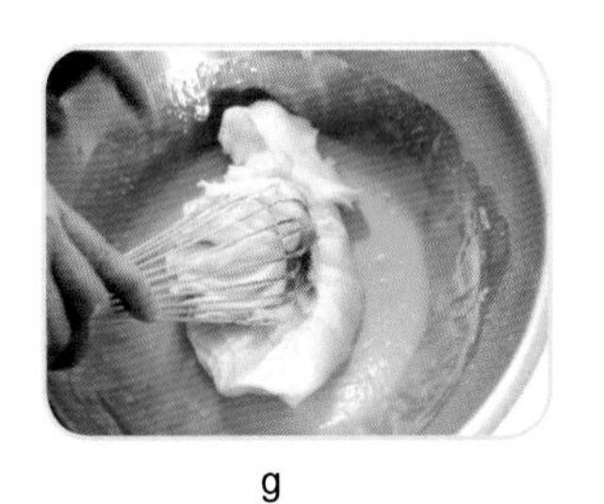
g

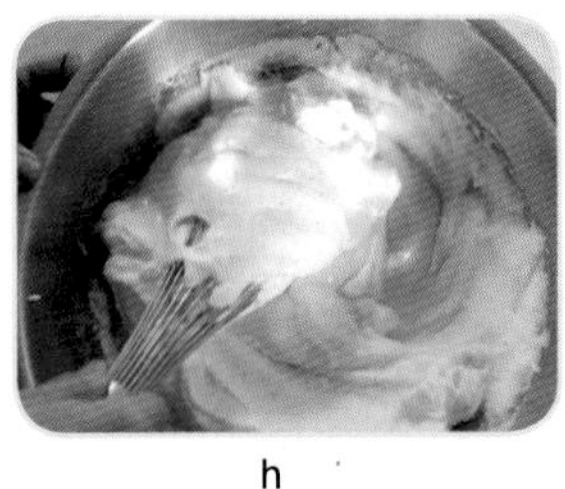
h

i

9. 用小尖刀插入麵糊中檢視，若無沾黏即可出爐（圖j）。
10. 倒扣在網架上，冷卻後即可脫模（圖k）。

j

k

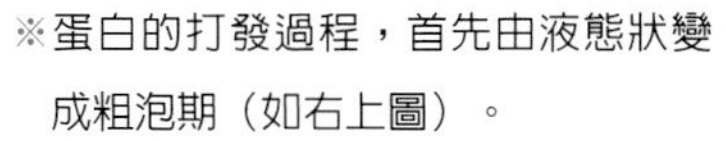

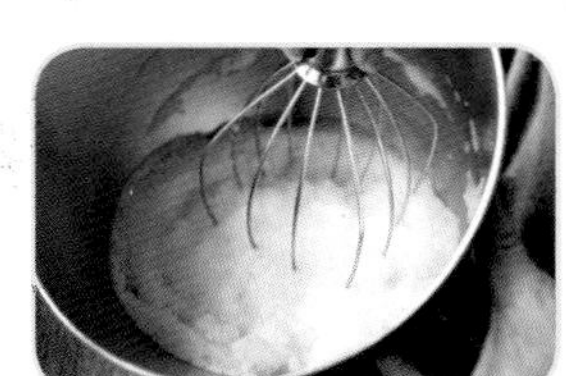

※蛋白的打發過程，首先由液態狀變成粗泡期（如右上圖）。

※蛋白的打發狀態呈乾性發泡，特徵：(1)不會流動。(2)倒扣蛋白後呈固定狀，不會滴落（如右中圖）。(3)撈起後呈小彎勾。

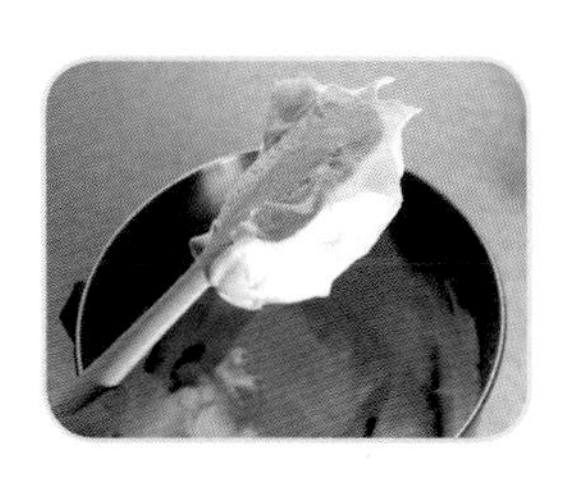

※出爐後，立刻將蛋糕倒扣，以防止蛋糕劇烈收縮；待完全冷卻後再用小刀將四周劃開，即可脫模。

※製作戚風蛋糕時，模型的底部及四周都不可抹油，因此不可用鐵氟龍防沾烤模；烘烤過程中，鬆發的麵糊才可附著在模型上，最後的成品才不會收縮。

※製作戚風蛋糕應使用底部可活動的圓形烤模來製作。

※蛋糕完成後，可利用本書p.44~p.51所介紹的方式來加以裝飾（如下圖）。

巧克力戚風蛋糕捲

烘焙丙級技術士考題之一

題目★製作麵糊重❶1800公克 ❷1900公克 ❸2000公克之巧克力戚風蛋糕1盤。奶油霜飾由承辦單位提供，成品先捲後切成2條，每條長度約30公分，表皮需在外。

配方

	材料	百分比（%）	克（g）	製作條件
a	無糖可可粉	20	68	1.模型：大烤盤一個 2.烤盤處理：鋪上白報紙 3.麵糊重量：@1800g / 個 4.烤焙溫度：上火190℃ / 下火180℃ 5.烤焙時間：20~25分鐘
	熱水	40	136	
b	蛋黃	50	170	
	細砂糖	90	306	
	鹽	2	7	
	沙拉油	50	170	
	牛奶	30	102	
c	低筋麵粉	100	340	
	泡打粉	1	3	
	小蘇打粉	2	7	
d	蛋白	110	374	
	塔塔粉	0.5	2	
	細砂糖	70	238	
	合計	565.5	1,923	

作法（兩部拌合法）

1. 材料a的無糖可可粉過篩後，加熱水調成均勻的可可糊；材料c一起過篩備用。
2. 材料b的蛋黃加入細砂糖及鹽，用打蛋器攪拌至細砂糖融化。
3. 分別加入沙拉油、牛奶及可可糊繼續拌勻。
4. 加入材料c，用打蛋器以不規則的方向，輕輕拌成均勻的可可麵糊。
5. 材料d的蛋白加塔塔粉用球形攪拌器攪打至溼性發泡，但仍呈流動狀，分三次加入細砂糖，繼續攪打至乾性發泡。
6. 取約1／3的打發蛋白，加入作法4的可可麵糊內，用橡皮刮刀輕輕地稍微拌合。
7. 加入剩餘的蛋白，繼續用橡皮刮刀輕輕地從容器底部刮起拌勻。
8. 將麵糊刮入烤盤內，並將表面抹平即可烤焙。
9. 用小尖刀插入麵糊中檢視，若無沾黏即可出爐。
10. 出爐後立即將蛋糕體從烤盤拉出，放置在網架上，接著撕開邊緣的白報紙，以利蛋糕體散熱。
11. 待蛋糕體完全冷卻後，在蛋糕體表面蓋上一張防沾的蠟紙，翻轉後底部朝上，接著撕掉底部白報紙。
12. 蛋糕體橫放，在邊緣2公分處輕輕橫劃一刀口，但不可切斷，在蛋糕表面抹上薄薄的一層奶油霜飾（如p.83圖b、c）。
13. 長擀麵棍放在白報紙的前端下方並捲起，再將蛋糕體前端向內摺並順勢地捲成圓柱體，抽掉擀麵棍後再適度地將白報紙捲緊（如p.83圖d）。
14. 捲好的蛋糕體缺口朝下，去掉白報紙，待定型後即可切割成兩條。

Tips

※蛋白的打發狀態與p.74的戚風蛋糕相同，特徵：(1)不會流動。(2)倒扣蛋白後呈固定狀，不會滴落。(3)撈起後呈小彎勾。

※用手輕拍蛋糕表面，具彈性觸感才可出爐，應避免濕黏狀態，表皮才不至於脫落。

※蛋糕出爐後，拉起邊緣的白報紙，即可順利拖出並在網架上冷卻。

※在捲起蛋糕的前端切出淺刀口，可防止捲後的成品呈中空狀；塗抹霜飾時，只需薄薄一層即可，應避免過厚而不利於捲起定型。

葡萄乾戚風瑞士捲

烘焙丙級技術士考題之一

題目★製作麵糊重❶1800公克 ❷1900公克 ❸2000公克之葡萄乾戚風瑞士捲1盤。未泡水葡萄乾用量爲100公克，成品切成2條，每條長約40公分，葡萄乾面朝外。

配方

	材料	百分比（%）	克（g）	製作條件
a	蛋黃	100	305	1.模型：大烤盤一個 2.烤模處理：鋪上白報紙 3.麵糊重量：@1800g / 個 4.烤焙溫度：上火190℃ / 下火180℃ 5.烤焙時間：20~25分鐘
a	細砂糖	30	92	
a	鹽	1	3	
a	沙拉油	45	137	
a	牛奶	40	122	
a	香草精	1	3	
a	低筋麵粉	100	305	
a	泡打粉	3	9	
b	蛋白	205	625	
b	塔塔粉	1	3	
b	細砂糖	110	335	
	合計	636	1,939	
	葡萄乾		100	

作法（兩部拌合法）

（麵糊製作可參考p.74香草戚風蛋糕的製作方式）

1. 葡萄乾先泡蘭姆酒（或水）約30分鐘軟化後，擠乾後平均撒在烤盤上備用；低筋麵粉及泡打粉一起過篩備用。
2. 材料a的蛋黃加入細砂糖及鹽，用打蛋器攪拌至細砂糖融化。
3. 分別加入沙拉油、牛奶及香草精繼續拌勻。
4. 加入過篩後的粉料，用打蛋器以不規則的方向，輕輕拌成均勻的麵糊。
5. 材料b的蛋白加塔塔粉用球形攪拌器攪打至溼性發泡，但仍呈流動狀，分三次加入細砂糖，繼續攪打至乾性發泡。
6. 取約1/3的打發蛋白，加入作法4的麵糊內，用橡皮刮刀輕輕地稍微拌合。
7. 加入剩餘的蛋白，繼續用橡皮刮刀輕輕地從容器底部刮起拌勻。
8. 將麵糊刮入烤盤內，並將表面抹平即可烤焙。
9. 用小尖刀插入麵糊中檢視，若無沾黏即可出爐。
10. 出爐後立即將蛋糕體從烤盤拉出，放置在網架上，接著撕開邊緣的白報紙，以利蛋糕體散熱。
11. 待蛋糕體完全冷卻後，在蛋糕體表面蓋上一張防沾的蠟紙，翻轉後底部鋪有葡萄乾的一面朝上，接著撕掉底部白報紙（圖a）。

a

12. 再翻轉蛋糕體，將鋪有葡萄乾的一面朝下，由中央對切成兩大片，分別在40公分側的邊緣2公分處輕輕橫劃一刀口（圖b），但不可切斷，在表面抹上薄薄的一層奶油霜飾（圖c）。
13. 長擀麵棍放在白報紙的前端下方並捲起，再將蛋糕體前端向內摺並順勢地捲成圓柱體，抽掉擀麵棍後再適度地將白報紙捲緊（圖d）。
14. 捲好的蛋糕體缺口朝下，去掉白報紙，待定型後即可切割成兩條。

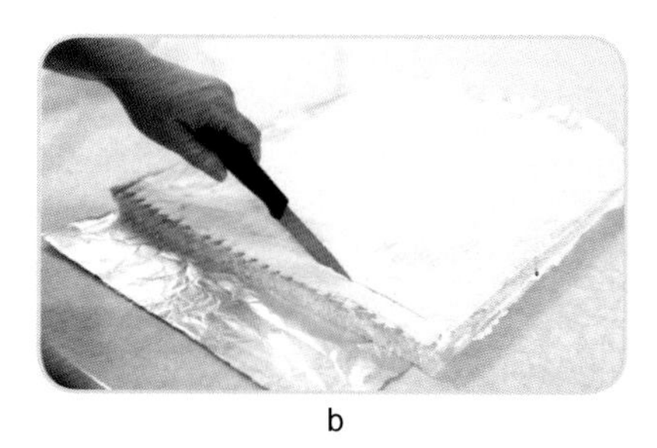

b

d

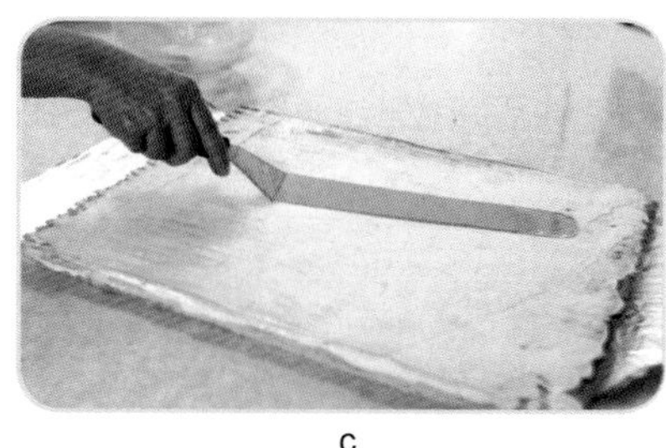

c

※製作細節請參考p.78的巧克力戚風蛋糕捲。

※注意考題要求必須先將蛋糕體切成兩大片後再分別捲成蛋糕捲，而不是先捲再切。

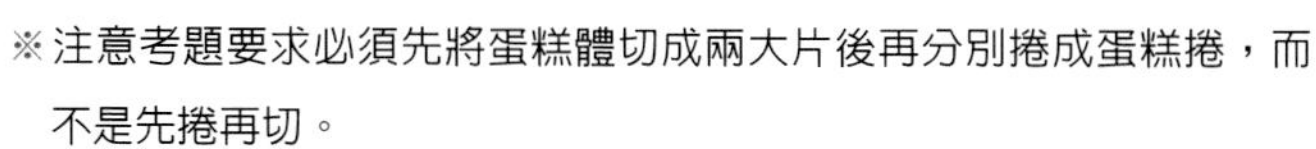

香蕉核桃馬芬

配方

材料	百分比（%）	克（g）	製作條件
熟香蕉		4（個）	1.模型：直徑7公分、高4公分紙模約16個。 2.麵糊重量：@85 g / 個 3.烤焙溫度：上火190℃ / 下火180℃ 4.烤焙時間：25~30分鐘
全蛋	55	220	
細砂糖	40	160	
沙拉油	85	340	
牛奶	30	120	
檸檬皮屑	1.3	5	
檸檬汁	5	20	
低筋麵粉	100	400	
泡打粉	1.5	6	
小蘇打粉	1	4	
碎核桃	30	120	
合計	348.8	1,395	

作法 （液體拌合法）

1. 熟香蕉切碎備用。
2. 全蛋加細砂糖用打蛋器攪勻，再分別加入沙拉油及牛奶攪成均勻的液體狀。
3. 刨入檸檬皮屑，並加入檸檬汁，接著加入碎的熟香蕉，用橡皮刮刀攪拌均勻。
4. 低筋麵粉、泡打粉及小蘇打粉一起過篩，再加入作法3香蕉泥中，改用橡皮刮刀以不規則方向輕輕攪拌成均勻的麵糊。
5. 用湯匙將麵糊舀入紙模內約七分滿，並在麵糊表面放上適量的碎核桃。

※一根香蕉去皮後約100克左右，宜選熟透的來製作，風味較佳。

※可利用擦薑板磨出檸檬的皮屑，但需注意盡量取綠色表皮部分，不要刮到白色筋膜，以免苦澀。

第五章　麵包

- 麵包基本分類
- 麵包製作方法
- 麵包製作要點
- 麵包的品嚐與保存
- 麵包實作

就廣義而言，麵包不論是何種樣式，都是以小麥麵粉做爲主要原料與液體（水分）混合後，經過烤焙而成的產品，更精確地說，麵包屬於發酵類的烘焙食品，麵粉加水藉由攪拌、發酵至烤焙等一連串過程，遠在古埃及時代就已懂得這樣的技術，會利用「發酵」原理讓麵糰膨脹而做成麵包；從古到今的演變，即便已從麵麴發酵至酵母發酵、手工操作到一貫作業的機械生產，但無論製作技術如何精進、如何改良，然而傳統技術的珍貴性仍然被流傳，以致天然發酵、老麵麵包的獨特魅力再受矚目，在現代人追求健康、自然的概念下，目前有越來越受消費者喜愛的趨勢。

在眾多烘焙食品中，麵包算是現代人接觸非常頻繁的食物，無論用來果腹塡飽肚子，或是爲了口腹之欲當點心來品嚐，在多樣化的選擇之下，無論如何都能滿足各種需求；演變至今的麵包文化，在不斷找尋新食材、新口味，甚至新造型的前提之下，更爲麵包帶來不同風貌與品嚐滋味。

從麵粉到麵糰，從麵糰到麵包，只有親身體驗，才能感受每一個過程的樂趣與驚喜，有別於其他的烘焙點心，麵包的「麵糰」是個活的東西；無論你是機器攪拌，還是手工揉麵，當所有材料混合的剎那，活生生的反應就已經產生了，從視覺、嗅覺及觸覺中，會明顯感受麵糰是具有生命力的，氣體膨脹、酵母氣味，看著每一個階段的變化，最後再盯著剛出爐的麵包模樣，姑且不論成果如何，光是聞著瀰漫整個屋子的香氣，就足以構成製作麵包的最大樂趣了。

除了需要瞭解麵包製作的過程外，更應以「眼到」、「手到」來體會每個製作細節，熟能生巧之後，自然而然就可以做出媲美專業水準的麵包了。

麵包基本分類

因配方比例、用料的差異，可以造就不同的麵包風味與口感特色，大致的類別可歸納如下：

一、軟式麵包

軟式麵包在眾多的食材運用與各式創意的造型下，其種類與風貌可說千變萬化，選擇性的增多，特別符合國人對於軟式麵包的偏愛。軟式麵包的配方因含水量較其他類型麵包爲高，因此口感也較柔軟細緻。軟式麵包的另一特色是配方中糖、油、蛋等成份的增多，而讓成品呈現甜美可口的滋味。一般見到的軟式麵包分爲：

(一)吐司

適合當作主食的各類吐司，通常製作方式是將麵糰整形完成後，直接放置於長方形烤模內，成品呈圓頂狀，若是以帶蓋的長方形烤模製作，成品工整即所謂的三明治吐司，兩者的麵糰進烤箱後，應具有良好的烤焙彈性，因此須特別注意麵糰攪拌的程度、適當的基本發酵與烘烤溫度的掌控等。

(二)加味麵包

在一般軟式麵包配方下，添加適當比例的其他麥粉、糖漬水果乾、堅果、調味料等，成品花樣繁多，其軟綿甜味的豐富口感，深受國人喜愛。

(三)餐包

如同加味麵包的配方一樣，內含較多的糖量、蛋量與油脂，因此麵糰攪拌不需像吐司類須達完成階段，麵筋僅呈延展即可；其造型除了單純的基本圓球型外，還有常見的蔥花餐包、熱狗麵包、奶油夾心餐包，也可隨興變換花樣。

二、硬式麵包

硬式麵包多爲歐美國家民眾的主食，進年來也深受國人喜愛，外脆內軟的韌性組織，咀嚼時所散發的天然麥香與自然的甜味，是其他軟式麵包所不及的風味，其富有嚼勁的口感，越嚼越香，無論單純品嚐，或是沾著橄欖油，抹上奶油、果醬食用，更顯得美味十足。

通常硬式麵包的配方，用料非常單純，大多只是麵粉、酵母、糖、鹽、水分等，其配方比例大同小異，但因造型與烘烤方式的不同，而出現大異其趣的硬式麵包，不過卻有著耐吃耐嚼的共同風味，如法國麵包中的長棍麵包（Baguette）極具代表性，其最大特色是薄亮的表皮、又香又脆的口感，然而很容易受到環境中溼度的影響，在短時間內讓麵包表皮失去原有的脆度，因而把握最佳的品嚐時機是很必要的。

另外還有其他歐洲國家的鄉村麵包、各式穀類麵包，以及較奇特的英國脆皮麵包、德國紐結麵包（Pretzel）等，皆是著名的硬式麵包。

三、丹麥麵包

丹麥麵包與大家熟知的可頌麵包（Croossant）在口感與製作原理上極爲類似，都是在麵糰內裹入油脂所製成的麵包，其過程不但繁瑣且耗時，是典型而著名的歐式麵包，丹麥麵包英文名稱是Danish Pastry，就風味與口感而言，具西式點心的意義甚於麵包的意義，因爲兩者無論功能或外型都有差別，前者較講究外型變化，且非常適合當作茶餘飯後的甜點食用，而後者主要以主食爲訴求。丹麥麵包只是麵包的總稱，因造型或添加的配料不同而有不同的名稱，最普遍的產品如丹麥吐司，或加了蜜紅豆的紅豆丹麥麵包、新鮮水果餡料的丹麥水果麵包等。

麵包製作方式

麵包的歷史非常久遠，以至於起源與早期的發展史，對現代人來說很難瞭解透徹，然而麵包的演化應該是漸進的，從最初加了水的麵粉被不經意地放置一段時日，而成爲微生物適合生長的環境，讓麵糰開始發酵產生芳香的氣味，後來又將麵糰放在火上加熱，卻意外發現更加美味，從幾千年以前麵包起源所做的假設，到之後眞實累積的嘗試經驗，而有現今純熟又科學的麵包製作。

無論何種類型的麵包，就製作而言，其流程都需經過攪拌、發酵、烤焙等基本動作。在製作過程中，首先將所有材料混合成一個生麵糰，接著進行發酵，使得麵糰充滿氣體，接著可依製作需要分割麵糰做造型，最後將麵糰放入烤盤內入爐烤焙。

致力於攪拌與發酵兩者間的關係，是從未停歇的重點，因爲這些因素與麵包品質的優劣有所關聯。在過去尚未使用商業酵母前，要製作麵包時，首先得培養天然菌種來發酵，藉此方式來製作麵包，並透過每天菌種的持續餵養、保存，得以延續發酵的活力；或以商業酵母（如即溶酵母粉、新鮮酵母）不等的比例加上水分後，以很長的時間（約3~18小時）發酵，即所謂的酸老麵製作。

發酵作用無論使用現成的商業酵母或天然培養的酵母，無非都是將麵糰內的糖轉變成酒精與二氧化碳，進而產生氣體，使麵包產生不同的氣味、風味與質地。以下是經常使用的麵包製作方式：

一、直接發酵法

將所有材料混合成糰後，在同一時間完成基本發酵（第一次發酵），接著依需要進行麵糰分割、滾圓、整形到完成烘烤；用「直接法」製作麵包是最快速的一種製作方式。

製作流程	秤料 → 攪拌 → 基本發酵（第一次發酵）→ 分割 → 滾圓 → 鬆弛（中間發酵）→ 整形 → 最後發酵 → 烤焙前裝飾 → 烤焙 → 烤焙後裝飾

二、中種發酵法

將配方中的材料分成兩部分，其中一份先攪拌成糰，稱爲「中種麵糰」，先進行長時間發酵約1.5小時至3小時（冷藏發酵時間約10小時），發酵完成後的麵糰再與剩餘的材料混合攪拌即爲「主麵糰」；從攪拌主麵糰階段開始，接下來的所有製作流程與細節都與直接發酵法完全相同。以中種發酵法所製作的麵包，雖然較耗時，但質地最細緻。

製作流程	中種麵糰（配方中30% ~80%的麵粉、水、酵母粉）→ 攪拌 → 基本發酵（第一次發酵）→中種麵糰 + 主麵糰（配方中剩餘的材料）→ 第二次攪拌 → 第二次發酵 → 分割 → 滾圓 → 鬆弛（中間發酵）→ 整形 → 最後發酵 → 烘烤前裝飾 → 烘烤 → 烘烤後裝飾

三、湯種法

「湯種法」是近幾年來所流行的麵包製作方式，其攪拌、發酵等流程與一般直接法的方式無異，其特殊性是利用糊化原理將麵糰內的含水量增加，而使成品柔軟並延緩組織老化。

「湯種」是日本語，意指熱的麵種。湯種法的配方，材料分成兩部分，一份材料是製作「湯種麵糰」，另一份材料則是「主麵糰」。「湯種麵糰」是取配方中少量的麵粉與水份（或其他液體），以小火加熱所煮成的糊狀物，經過一段時間冷藏熟成，水份完全吸收，成較乾爽麵糰後，再與剩餘的材料「主麵糰」攪拌至理想階段，接下來的流程與直接發酵法相同。

製作流程	製作湯種麵糰 → 冷藏、熟成 → 與主麵糰混合攪拌 → 基本發酵（第一次發酵）→ 分割 → 滾圓 → 鬆弛（中間發酵）→ 整形 → 最後發酵 → 烤焙前裝飾 → 烤焙 → 烤焙後裝飾

麵包製作要點

一、秤料

秤料時將所有液體材料，例如蛋、水、牛奶等倒入攪拌缸內（圖1），再依序放入乾性材料，例如麵粉、細砂糖、鹽、奶粉、即溶酵母粉等（圖2）；另外將秤好的油脂放置一旁備用。

圖1

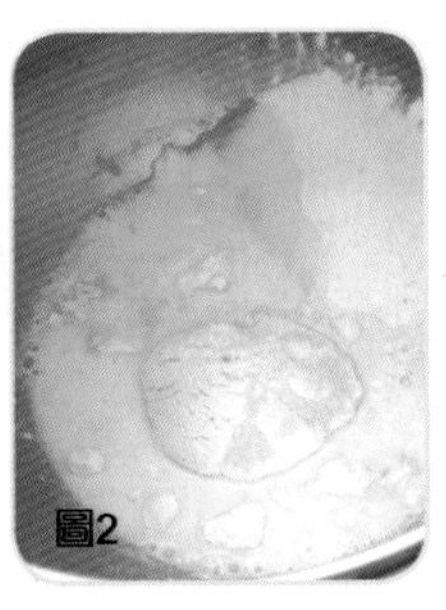
圖2

以即溶酵母粉製作麵包，除了依上述方式秤取外，也可將乾性材料依序全部混合，再加入所有液體材料（溼性材料）；需注意每種材料都需力求秤量的準確，以避免影響麵糰攪拌的效果。

二、攪拌

混合乾性材料（例如：麵粉、細砂糖、鹽及即溶發酵粉等）與濕性材料（例如：水、蛋液及牛奶等），經過不斷「攪拌」而形成製作麵包的「麵糰」。藉由充分攪拌讓麵粉與水達成水合作用時，會從初期黏稠性的麵糊，慢慢成爲較乾爽的麵糰，持續攪拌後所產生的麵筋擴展效應，使麵糰具有彈性及延展性，並呈現不同程度的細緻薄膜，既柔軟又光滑，利於操作，即是麵糰攪拌的適當狀態，就能製作出好品質的麵包。

其次的意義就是經由攪拌作用，拌入空氣於麵糰之中產生氣室，也與接下來的發酵與烘烤的膨脹力有連帶影響。

(一)攪拌重點

1. 麵粉吸水性會受麵粉的新舊、品質、筋性強弱，甚至當時攪拌環境的濕度的些許影響而有所差異，攪拌時可預留少許水分，最後視麵糰的軟硬度或攪拌狀況再加入。
2. 開始攪拌時，油脂不可與其他材料同時加入混合，以免影響麵粉的吸水性與麵筋的擴展。
3. 除油脂外，所有材料陸續倒入攪拌缸內，先用慢速攪拌，混合乾、濕材料成爲較粗糙的麵糰時，再改成中速繼續攪拌；應避免一開始就用中速，造成粉料四處飛散。
4. 麵糰繼續攪拌過程中，可試著停機檢視麵糰，呈光滑狀且稍具延展性時，即可加入油脂，用慢速攪入麵糰中，最後再視材料的特性或麵包的需求，攪打成適當的狀態。
5. 如麵糰內需要添加配料，例如：各式堅果、葡萄乾、蔓越莓等，必須在麵糰完成攪拌後才可加入，並用慢速將配料攪入麵糰中（圖3）；必須注意應依材料不同的特性，掌握攪拌時間，稍微拌合後即可取出用手搓揉均勻（圖4），

圖3

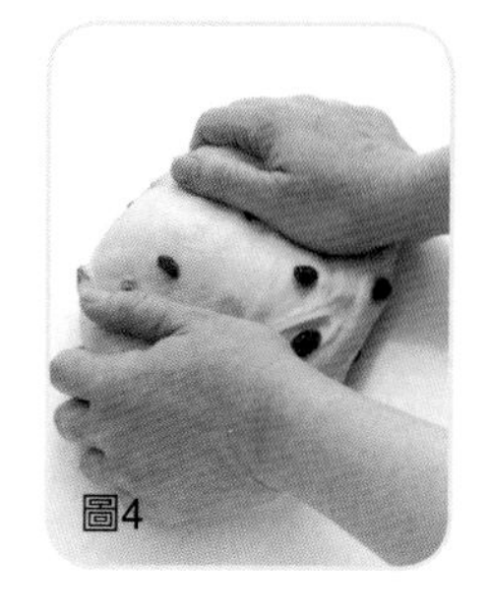
圖4

圖5

以避免長時間攪拌，讓食材釋放水分，麵糰更溼黏而影響攪拌；同時注意麵糰需整形成光滑面，不可將添加的材料暴露在麵糰表面（圖5）。

6. 攪拌時經由摩擦生熱或環境溫度所導致的麵糰溫度，是影響麵包品質的關鍵之一，萬一接下來發酵時間又控制不當，最後成品的口感就會有不良的酸味。

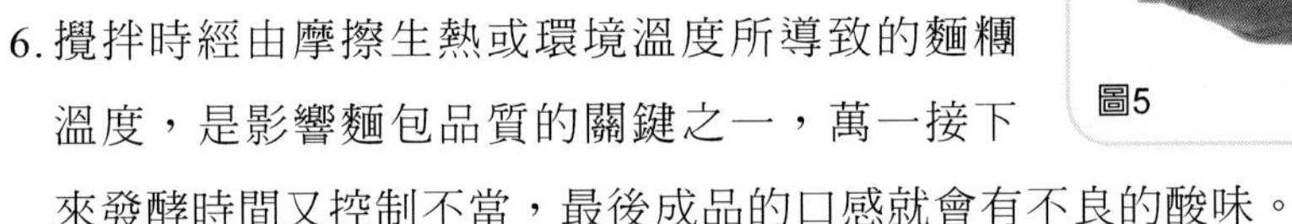

7. 如有溫度計可試著掌握麵糰攪拌溫度在30℃以內，視當時攪拌時的環境溫度，如要避免麵糰溫度過高，可將液體材料冷藏降溫再操作。
8. 機器攪拌時，注意麵糰份量不可過多或過少，以免影響麵筋擴展時間。

(二)攪拌階段

依乾性與溼性材料從混合開始到攪拌過程中，所呈現的不同特徵，區分爲六個階段：

1. 拾起階段：首先以慢速攪拌乾、溼材料（圖6），成糰後改爲中速攪拌，漸漸成爲較光滑但仍溼黏的麵糰（圖7）。

圖6

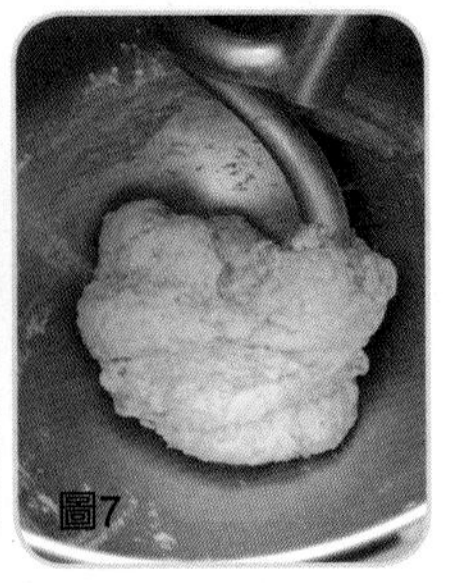
圖7

2. 捲起階段：水分漸漸被吸收，麵糰表面稍微乾燥，較不會黏在攪拌缸上，但仍缺乏彈性與延展性（圖8）。

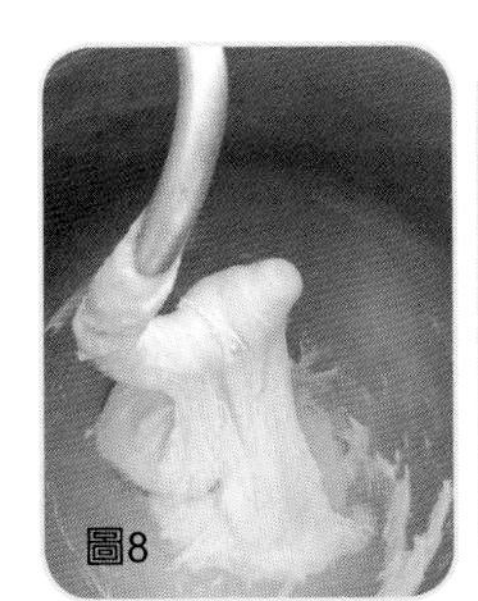
圖8

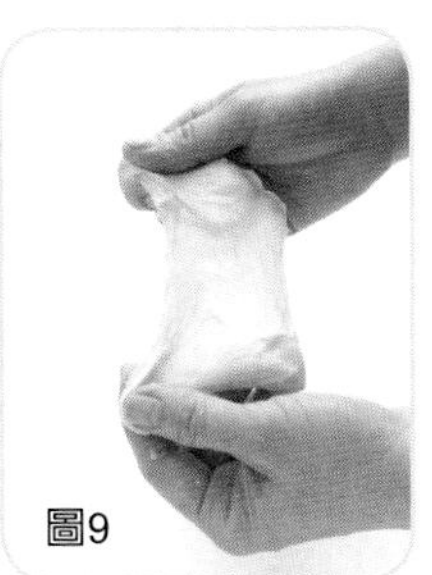
圖9

3. 擴展階段：麵糰漸漸呈現光澤狀，麵筋已形成不易斷裂，並具有延展性，拉出小片薄膜（圖9）。
4. 完成階段：麵糰光滑不易黏手，麵筋充分擴展，用手撐開麵糰具有彈性，可呈現大片薄膜不易破裂（圖10）。
5. 攪拌過度：麵糰沾黏在攪拌缸邊緣，麵糰不夠挺立。
6. 斷裂階段：麵筋斷裂，麵糰變得軟弱無力，呈流動狀。

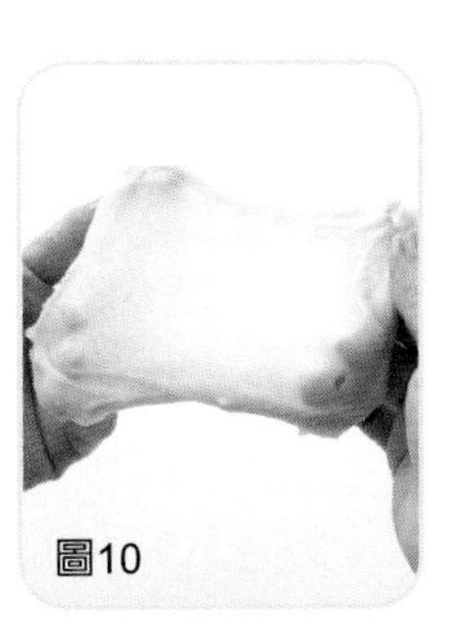
圖10

三、基本發酵

攪拌完成的麵糰，開始進行「基本發酵」（第一次發酵）的階段，這個過程使麵糰內部產生二氧化碳氣體，同時體積漸漸膨脹；理想的發酵應控制適當溫度與時間，最後的成品即會呈現自然的香氣。如果爲了趕時間快速發酵，而將麵糰置於高溫環境中，或是疏忽發酵狀態而時間過長，都會讓麵包的口感產生不良的酸味。

基本發酵的重點

圖11

1. 麵糰如在室溫下發酵，需在容器上蓋上保鮮膜，以防止水分被蒸發，表面結皮，才不至影響麵包品質（圖11）。
2. 發酵時環境溫度的高低，與發酵時間成反比。
3. 發酵時的環境溫度與時間無法掌握時，除靠視覺觀察麵糰外觀比原來大1.5~2.5倍外（視不同性質麵糰有所不同），也可用手指沾點麵粉再輕壓麵糰表面，呈凹洞時以下列三種狀態來檢視發酵是否完成：
   (1) 凹洞會立即恢復呈平面狀，表示發酵不足。
   (2) 凹洞的形狀繼續存在，表示發酵完成。
   (3) 凹洞會慢慢下沉，原來膨脹的麵糰慢慢萎縮，表示發酵過度。
4. 基本發酵的溫度約28~30℃，相對溼度約75~80%。

四、分割

麵糰基本發酵完成後，如果需要分成數等份來烘烤，就必須以等量來「分割」麵糰，才不至於大小不一，而造成烘烤時間的差異。但有時整個麵糰不予分割，欲做大尺寸的圓形麵包時，只需從容器內取出基本發酵後的麵糰，再整形成光滑外觀，即可開始進行最後發酵。

另外一種情形則是麵糰不需事先分割，待整形或鋪完內餡後，才進行分割動作。

分割的重點

1. 用刮板從容器內劏出發酵後的麵糰，在分割之前，需先秤出總重量的公克數（圖12），再除以欲分割的個數（圖13），例如秤出麵糰總重是275克，如分成4個，即每份麵糰約68~69克。

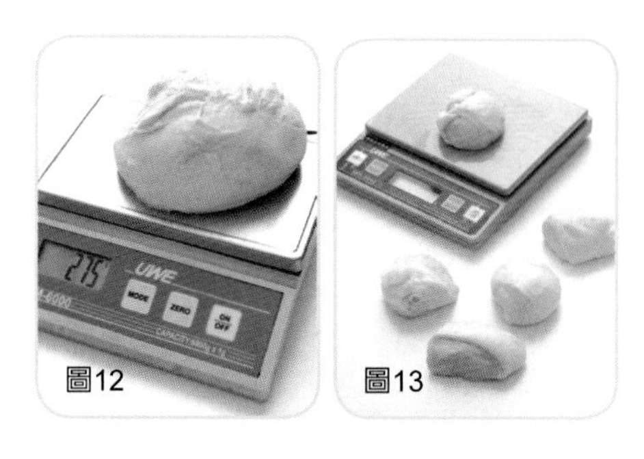

圖12　圖13

2. 用手將麵糰輕輕拉成長條狀，再用刮板切割麵糰並秤重。
3. 麵糰做完造型或鋪完內餡才開始分割時，就不需將每份小麵糰秤重，因此切割時必須注意拿捏每個麵糰的份量。

五、滾圓

當麵糰被分割成數小塊時，外形呈不規則狀，因此必須從新將麵糰整成光滑的圓球形，即稱「滾圓」；滾圓後的麵糰既能當做成品造型，也能順利進行接下來的整形工作。

(一)滾圓的重點

1. 滾圓時不要隨意在工作檯上撒麵粉，才容易進行滾圓動作；但有些歐式麵包因外形特性而沾滿麵粉，也是在滾圓之後再做裹粉動作。
2. 無論滾圓的麵糰大小，都需注意表面應呈光滑狀，同時要將鬆散的底部確實黏緊。

(二)滾圓的方式

1. 小麵糰的滾圓方式一：手掌心輕輕扣住麵糰，在桌面輕輕轉幾圈，同時感覺麵糰組織變得較緊密（圖14、圖15）。
2. 小麵糰的滾圓方式二：手掌直立以手刀方式，將麵糰往內移動，則會呈現光滑的圓球形（圖16、圖17）。
3. 大麵糰的滾圓方式：雙手勾在麵糰前端往內移動，麵糰即會被捲成光滑的表面（圖18）。

圖14 圖15

圖16

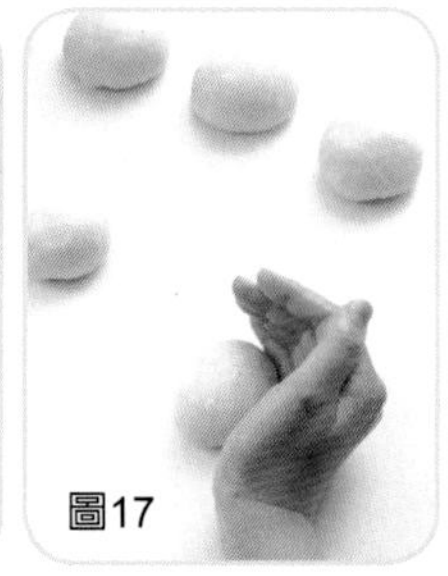
圖17

圖18

六、鬆弛（中間發酵）

滾圓後的麵糰，內部的空氣被擠壓排出，而失去原有的延展性與柔軟度，觸感變得非常緊繃，因此需要靜置片刻好讓麵筋「鬆弛」，才方便進行接下來的整形工作，即爲「中間發酵」的意義。

鬆弛的重點

1. 待鬆弛的麵糰放在室溫下，也需要蓋上保鮮膜，以免麵糰表面結皮（圖19）。
2. 麵糰鬆弛的時間，受當時環境的溫、溼度所影響；判斷鬆弛是否完成，也可依照基本發酵的重點說明，用手指輕壓麵糰，如所呈現的凹洞不會立即恢復即可。

圖19

3. 如滾圓後的麵糰，要當成最後成品造型，就省略鬆弛的步驟，直接進行最後發酵階段。

七、整形

進入「整形」階段，也就是將麵糰做出造型，來表現麵包最後的成品外觀；麵糰的柔軟度與延展性足以造就多樣式的麵包，這也是製作麵包的樂趣所在。綜觀麵糰整形後的呈現方式，大致分成兩大類：一是麵糰裝入模型內烘烤，例如白吐司；二是麵糰不入模型，直接放在烤盤上烘烤，例如橄欖形小餐包。

整形的重點

1. 儘量要大小一致、樣式統一放在同一烤盤上烘烤，較能控制烘烤效果。
2. 麵糰整形後的接合處一定要黏緊，以免烘烤後麵糰被撐開。
3. 整形好的麵糰接著要放入烤盤內或裝入烤模內，並要注意麵糰的正面與底部需確實放好。

4. 未入模型的麵糰，需根據造型與大小，鋪排在烤盤適當的位置，並預留發酵與烘烤後的膨脹空間。
5. 整形好的麵糰放入烤盤時，就應掌握好適當的位置，要避免任意移動，才不會破壞麵糰外觀。
6. 麵糰整形可隨個人想法或創意，在麵糰柔軟度與延展性範圍內，任意做造型。

八、烤焙前的裝飾

麵糰整形後，除了造型賦予的視覺效果外，還可進一步做些裝飾動作，一來美化成品外觀的亮麗色澤，二來可增添不同的風貌與品嚐滋味，其中最基本的裝飾即是在麵糰表面刷上均勻的蛋液，另外也可同撒上芝麻、杏仁片、麥片等。

九、最後發酵

與滾圓後麵糰需要鬆弛的意義一樣，麵糰經過整形後，又變成緊繃狀態，因此需要再發酵，好讓麵糰內充滿氣體再度膨脹，即是麵糰進烤箱前的「最後發酵」。

隨著環境溫度不同而影響最後發酵的速度；特別要注意的是，這個階段的發酵，左右成品外觀的優劣、組織的蓬鬆度與彈性。最後發酵不足，麵包體積小，內部組織緊密，失去應有的彈性與細緻；如果發酵過度，即呈孔洞粗大的組織，也會有不良的酸味，因此最後發酵掌控好，才能確保麵包的風味與口感。

最後發酵的重點

1. 如在室溫下進行最後發酵時，需將麵糰蓋上保鮮膜，以避免表皮被風乾，除非整形後的麵糰表面已刷上蛋液並覆蓋食材者，則可不必蓋上保鮮膜。
2. 因為麵糰造型、大小、材料及環境溫度的各種差異，最後發酵的速度與外形變化並非固定的。
3. 用觸覺法檢視最後發酵的狀態，如基本發酵的重點說明。
4. 利用發酵箱時，最後發酵的溫度約32~38℃，相對溼度約80~85%。

十、烤焙

將麵糰變成麵包，「烤焙」成了整個流程的最後重頭戲，如果已掌握前面的攪拌與發酵的相關細節，萬一疏忽烘烤的重要性，也會前功盡棄，烘烤結果無論「過」與「不及」，都算是瑕疵成品。

烘烤的重點

1. 烘烤任何麵包，烤箱都必須先預熱。
2. 烘烤時間隨麵糰的大小有所不同。
3. 除了注意烘烤溫度與時間外，同時必須靠觀察來瞭解麵糰的烘烤狀態，才能判斷適當的出爐時機。
4. 麵糰經過烘烤受熱後，體積又會明顯膨脹，表面也漸漸上色，而達到理想的金黃色澤，同時散發一股麵包特有的香氣。
5. 檢視麵包是否烘烤完成，可用手輕壓表面或側腰，如麵糰具有彈性，不會呈現凹洞或黏合狀，即可出爐。

6. 烘烤完成的麵包，需立刻移出烤箱外，不可用餘溫繼續燜，以免成品上色過深、水分流失過多，造成口感粗硬。
7. 出爐後的成品，最好立刻放在網架上冷卻。

麵包的品嚐與保存

一、麵包的品嚐

確實，面對熱騰騰剛出爐的麵包，最能誘人食指大動，甚至迫不及待想要咬上一口；然而剛從烤箱取出的麵包，飽含著氣體，在組織尚未穩定情況下，缺乏應有的彈性與質地，同時也無法顯現麵包該具備的口感、風味與香氣，因此必須等到麵包完全冷卻後，才是最佳的品嚐時機。

無論是包著各式餡料的軟式麵包、組織綿細的各類吐司，還是紮實具嚼感的硬式麵包，都各有不同的品嚐口感與風味。

二、麵包的保存方式

麵包出爐冷卻後，如果持續暴露在空氣中，會漸漸失去水分，表皮變得乾硬，內部組織也出現粗糙現象。爲確保麵包的新鮮度，需將冷卻後的麵包立即予以包裝，或是密封後冷凍保存，食用前，只需將麵包回溫，亦可用120℃烘烤約5-10分鐘，即可恢復麵包的柔軟度與口感。

麵包實作

綜觀麵包製作流程，每一環節都有其重要性，每個階段也互相牽連影響，確實掌握好三個關鍵：攪拌、發酵、烘烤，即能做出好品質的麵包；換言之，萬一出現瑕疵成品，也絕非只有單一因素所造成。

注意！ 攪拌至適當狀態 → 發酵要足夠 → 烘烤要掌控火溫與烘烤時間。

山形白吐司麵包

烘焙丙級技術士考題之一

題目★製作每條麵糰900公克、不帶蓋五峰山形白吐司（白油：糖：麵粉＝8：8：100）：❶2條 ❷3條 ❸4條。每條麵糰量可依據承辦單位提供之烤模大小調整±50公克。

配方

	材料	百分比（%）	克（g）	製作條件
a	高筋麵粉	100	1,020	1.模型：24兩吐司模二個 2.發酵法：直接法 3.基本發酵：溫度28℃／相對溼度75%約90分鐘 4.分割重量：@185～190克／共10等份 5.中間發酵：10～15分鐘 6.最後發酵：溫度38℃／相對溼度85% 40～45分鐘，約9分滿 7.烤焙溫度：上火150℃／下火210℃ 8.烤焙時間：45~50分鐘
a	奶粉	4	41	
a	改良劑	0.5	5	
a	即溶酵母粉	1.2	12	
a	細砂糖	8	82	
a	鹽	2	20	
a	水	62	632	
	白油	8	82	
	合計	185.7	1,894	

作法

1. 材料a.全部放入攪拌缸內，以低速攪拌至乾、溼材料混合。
2. 轉成中速攪打至麵糰捲起階段，即加入白油。
3. 麵糰攪打至油脂完全被吸收呈光滑狀，並可拉出大片薄膜，即達完成階段。
4. 麵糰滾圓好後，放入鋼盆中，進行基本發酵約90分鐘。
5. 麵糰分割成10等份，分別滾圓後，進行中間發酵10~15分鐘。
6. 用手拍出麵糰內的氣泡，用擀麵棍將麵糰前後擀開呈長麵皮狀，接著翻面捲起成圓柱體，再鬆弛約5~10分鐘。
7. 分別將麵糰內的氣泡拍出，再重複作法6的動作。
8. 麵糰的收口朝下，放入烤模內，進行最後發酵40~45分鐘，約9分滿時即將麵糰表面刷上均勻的蛋液，入爐烤焙。
9. 麵包與烤模有分離現象時，即表示外皮已上色，即可出爐，脫模後放在網架上冷卻。

Tips

※非鐵氟龍材質的烤模必須抹油，以利成品脫模。

※注意即溶酵母粉與新鮮酵母粉的換算為1：3。

※麵糰滾圓及　捲整形時，需依序製作，才利於每個麵糰的鬆弛時間與整形動作。

※麵糰滾圓、整形時力道需平均且一致，成品高度才會相同。

※若製作3條五峰吐司，當捲　至第15份麵糰後，如第一份麵糰已有足夠10分鐘的鬆弛時間，即可開始依序第二次的捲　。

※未帶蓋的吐司表面易上色，務必注意烤焙時的上火溫度，以免提早焦化，造成內部麵糰不易烤熟；須適時蓋上鋁箔紙以防止上色過深。

※確認麵包與模型微微分離時，即可出爐，應避免麵包四周上色過淺，否則麵包冷卻後即易收縮。

布丁餡甜麵包

烘焙丙級技術士考題之一

題目★製作每個麵糰60公克、布丁餡30公克圓形甜麵包：❶18個 ❷20個 ❸24個。布丁餡由承辦單位提供，軟硬需適中。

配方

	材料	百分比（%）	克（g）	製作條件
a	高筋麵粉	100	590	1.發酵法：直接法 2.基本發酵：溫度28℃／相對溼度75%約90分鐘 3.分割重量：@60克／共18等份 4.中間發酵：10分鐘 5.最後發酵：溫度38℃／相對溼度85%約30～40分鐘 6.烤焙溫度：上火210℃／下火170℃ 7.烤焙時間：12～15分鐘
a	奶粉	4	24	
a	即溶酵母粉	1	6	
a	細砂糖	15	89	
a	鹽	1	9	
a	全蛋	6	36	
a	水	53	315	
	酥油	8	47	
	合計	188	1,116	

※ 布丁餡

材料		百分比（%）	克（g）	作法
a	牛奶	100	550	1.材料b的粉料一起過篩，與全蛋混合拌勻。 2.材料a煮至沸騰，沖入材料b中，需邊倒邊攪，拌勻後過篩續煮。 3.用小火煮至凝膠狀，最後加入奶油攪成光滑細緻的糊狀，用保鮮膜緊貼在布丁餡表面，冷卻後即可使用。
	細砂糖	20	110	
	鹽	0.5	3	
b	全蛋	35	193	
	低筋麵粉	5	28	
	玉米粉	10	55	
	無鹽奶油	5	28	
合計		175.5	967	

作法

1.材料a全部放入攪拌缸內，以低速攪拌至乾、溼材料混合。

2.轉成中速攪打至麵糰捲起階段，即加入酥油。

3.麵糰攪打至油脂完全被吸收，麵筋已形成，不易斷裂，並具有延展性，可拉出小片薄膜達擴展階段。

4.麵糰滾圓好後，放入鋼盆中，進行基本發酵約90分鐘。

5.麵糰分割成18等份，分別滾圓後，進行中間發酵10分鐘。

6.用手拍出麵糰內的氣泡，將布丁餡包入麵糰中，用虎口收緊封口，分別排放在烤盤上，進行最後發酵約30~40分鐘。

7.當麵糰膨脹至2倍大時，即刷上均勻的蛋液，入爐烤焙。

8.出爐後放在網架上冷卻。

※包餡時應注意須在麵糰中央，用虎口收口時需確實捏緊，成品須達5公分高度。

※烤焙時注意上火溫度，應避免上色過度，失去彈性。

橄欖形餐包

烘焙丙級技術士考題之一

題目★製作每個麵糰40公克橄欖形餐包：❶24個 ❷28個 ❸32個。麵糰需全部放入同一烤盤烤焙。成品長度爲10±2公分，高度不得低於4公分，否則不予計分。

配方

	材料	百分比（%）	克（g）	製作條件
a	高筋麵粉	100	530	1.發酵法：直接法 2.基本發酵：溫度28℃／相對溼度75%約90分鐘 3.分割重量：@40克／共24等份 4.中間發酵：10分鐘 5.最後發酵：溫度38℃／相對溼度85%約30～40分鐘 6.烤焙溫度：上火210℃／下火170℃ 7.烤焙時間：12～15分鐘
a	奶粉	4	21	
a	即溶酵母粉	1.1	6	
a	細砂糖	14	74	
a	鹽	1.5	8	
a	全蛋	8	42	
a	水	52	276	
	酥油	10	53	
	合計	190.6	1,010	

作法

1. 麵糰製作依照p.108布丁餡甜麵包作法1~ 4。
2. 麵糰分割成24等份，分別滾圓後，進行中間發酵10分鐘。
3. 用手拍出麵糰內的氣泡，將麵糰壓扁成圓片狀（圖a）。
4. 麵糰翻面後，用雙手將麵糰向內捲起，呈中央高兩頭尖的橄欖形，分別排放在烤盤上，進行最後發酵約30~40分鐘（圖b, c）。
5. 當麵糰膨脹至2倍大時，刷上均勻的蛋液，入爐烤焙。
6. 出爐後放在網架上冷卻。

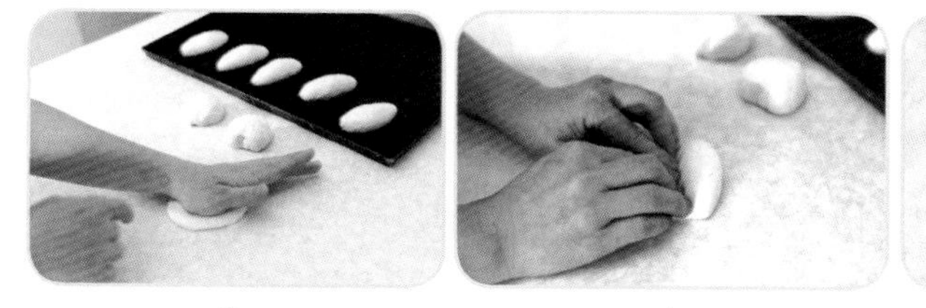

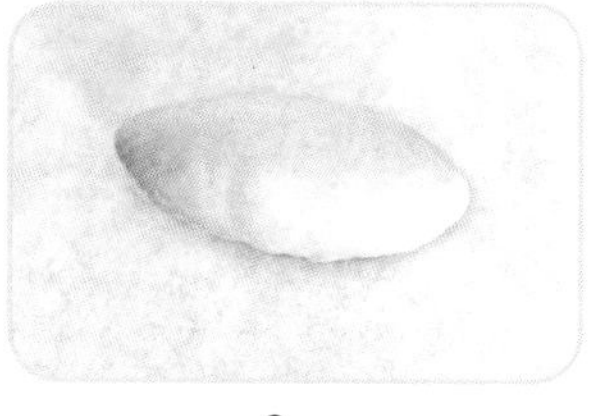

a　b　c

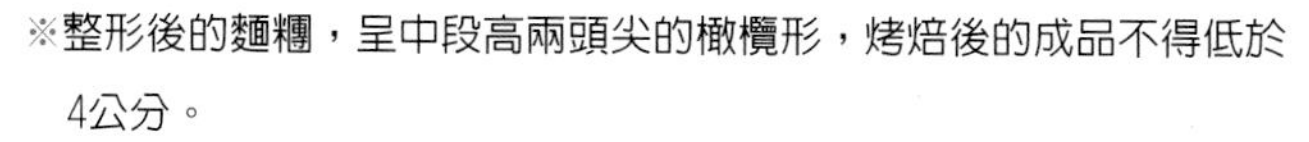

※整形後的麵糰，呈中段高兩頭尖的橄欖形，烤焙後的成品不得低於4公分。

※烤焙時注意上火溫度，應避免上色過度，失去彈性。

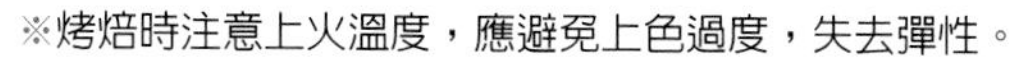

圓頂葡萄乾吐司麵包

烘焙丙級技術士考題之一

題目★製作圓頂葡萄乾吐司麵包4條，麵糰重560公克，未泡水葡萄乾佔麵粉量：❶20% ❷25% ❸30%。葡萄乾需加入攪拌缸中與麵糰攪拌。麵糰重量可依據承辦單位提供之烤模大小調整±50公克。

配方

	材料	百分比（%）	克（g）
a	高筋麵粉	100	1,110
a	奶粉	3	33
a	改良劑	0.5	5
a	即溶酵母粉	1.2	13
a	細砂糖	15	167
a	鹽	1.5	17
a	全蛋	6	67
a	水	55	611
	酥油	10	111
	葡萄乾	20	222
	合計	212.2	2,356

製作條件

1.模型：12兩吐司模四個
2.發酵法：直接法
3.基本發酵：溫度28℃／相對溼度75%約90分鐘
4.分割重量：@560克
5.中間發酵：10～15分鐘
6.最後發酵：溫度38℃／相對溼度85% 35～40分鐘，約9分滿
7.烤焙溫度：上火150℃／下火210℃
8.烤焙時間：35～40分鐘

作法

1.材料a全部放入攪拌缸內，以低速攪拌至乾、溼材料混合（圖a）。

2.轉成中速攪打至麵糰捲起階段（圖b），即加入酥油攪拌（圖c），攪拌過程油脂會沾黏缸邊（圖d）。

3.麵糰漸漸呈現光澤狀，麵筋已形成，不易斷裂，並具有延展性（圖e）。

4.繼續攪拌至光滑不易黏手，麵筋充分擴展，用手撐開麵糰具有彈性，可呈現大片薄膜不易破裂（圖f, g）。

5.麵糰攪好後，分次加入葡萄乾以低速攪入麵糰內（圖h, i），滾圓好後將葡萄乾包入麵糰內再放入鋼盆中，進行基本發酵約90分鐘（圖j, k）。

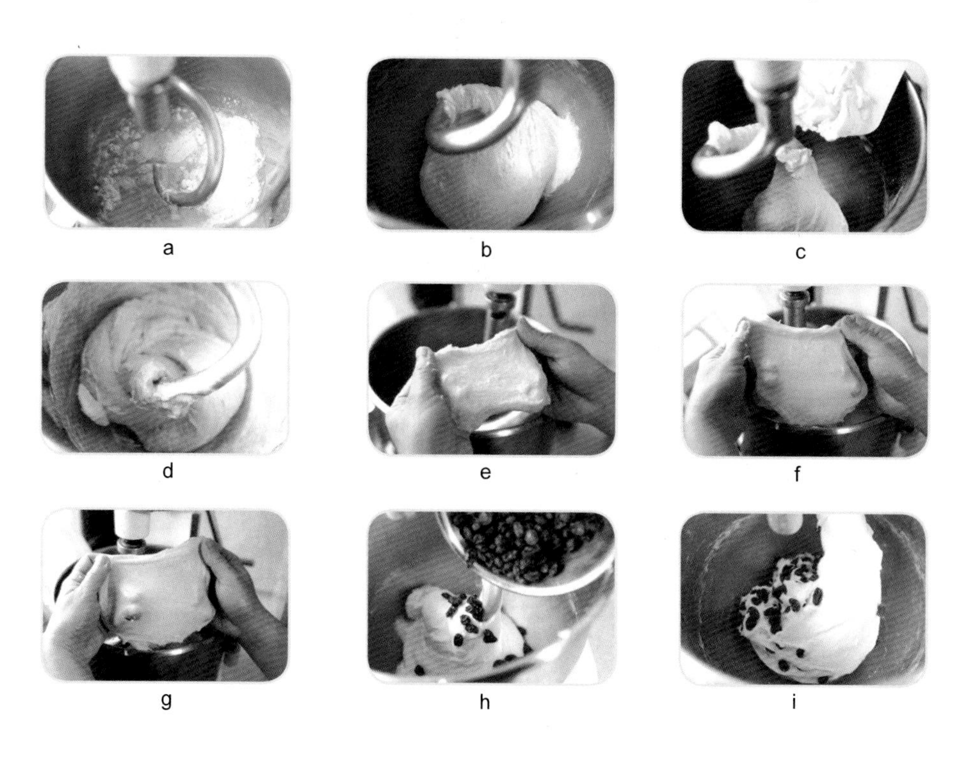
a b c
d e f
g h i

6.發酵完成後（圖l）麵糰分割成4等份，分別滾圓後，進行中間發酵10~15分鐘（圖m）。

7.用手拍出麵糰內的氣泡，用擀麵棍將麵糰前後擀開呈長麵皮狀，接著翻面捲起成圓柱體（圖n, o）。

8.麵糰的收口朝下，放入烤模內（圖p），進行最後發酵40~45分鐘，約9分滿時即將麵糰表面刷上均勻的蛋液，入爐烤焙（圖q）。

9.麵包與烤模有分離現象時，即表示外皮已上色，即可出爐，脫模後放在網架上冷卻。

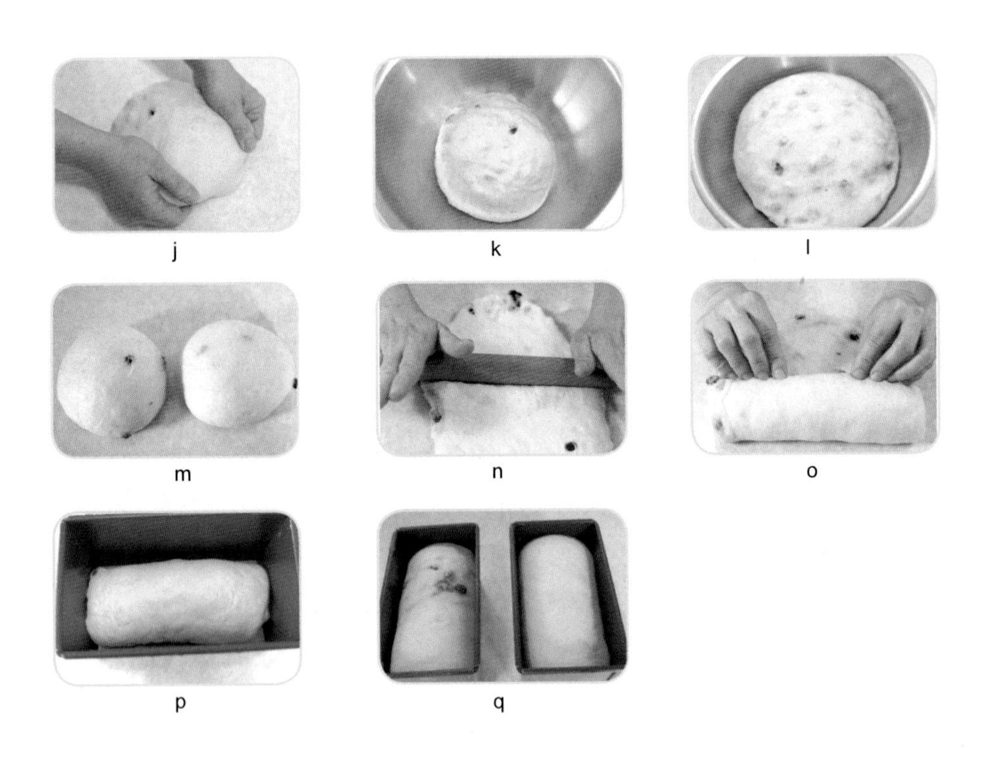
j k l m n o p q

※基本發酵前，需將葡萄乾確實包入麵糰內；滾圓與擀捲時力道需平均且一致，成品的高度才會相同。

※未帶蓋的吐司表面易上色，務必注意烤焙時的上火溫度，以免提早焦化，造成內部麵糰不易烤熟；須適時蓋上鋁箔紙以防止上色過深。

※確認麵包與模型微微分離時，即可出爐，應避免麵包四周上色過淺，否則麵包冷卻後即易收縮。

圓頂奶油土司

烘焙丙級技術士考題之一

題目★製作麵糰560公克，圓頂奶油土司（奶油：糖：麵粉 = 10：10：100）：❶3條 ❷4條 ❸5條。麵糰重量可依據承辦單位提供之烤模大小斟酌調整±50公克。

配方

	材料	百分比（%）	克（g）	製作條件
a	高筋麵粉	100	920	1.模型：12兩吐司模三個 2.發酵法：直接法 3.基本發酵：溫度28°C／相對溼度75%約90分鐘 4.分割重量：@560克 5.中間發酵：10～15分鐘 6.最後發酵：溫度38°C／相對溼度85% 35～40分鐘，約9分滿 7.烤焙溫度：上火150°C／下火210°C 8.烤焙時間：35～40分鐘
a	奶粉	3	28	
a	改良劑	0.5	5	
a	即溶酵母粉	1.2	11	
a	細砂糖	15	138	
a	鹽	1.5	14	
a	全蛋	5	46	
	水	55	506	
	酥油	10	93	
	合計	191.2	1,761	

作法

1.麵糰製作依照p.106山形白吐司麵包作法1~3。

2.麵糰滾圓好後，放入鋼盆中，進行基本發酵約90分鐘。

3.麵糰分割成3等份，分別滾圓後，進行中間發酵10~15分鐘。

4.用手拍出麵糰內的氣泡，用擀麵棍將麵糰前後擀開呈長麵皮狀，接著翻面捲起成圓柱體（圖a）。

5.麵糰的收口朝下，放入烤模內（圖b），進行最後發酵40~45分鐘，約9分滿時即將麵糰表面刷上均勻的蛋液，入爐烤焙（圖c）。

6.麵包與烤模有分離現象時，即表示外皮已上色，即可出爐，脫模後放在網架上冷卻。

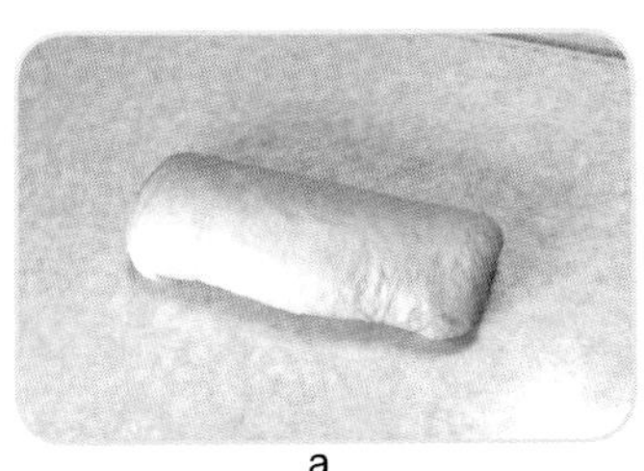

a

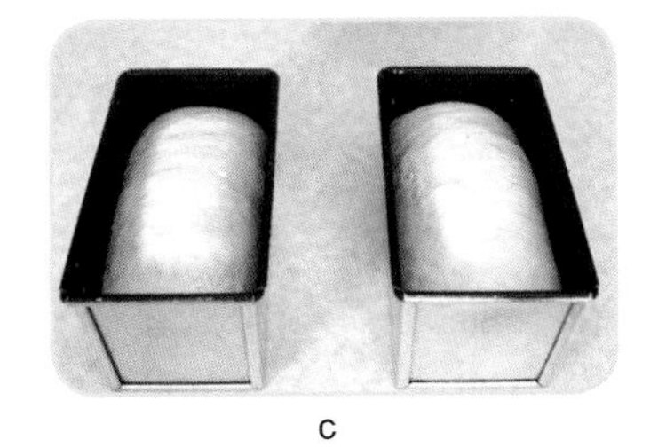

c

b

※烘烤過程與細節請參考p.112圓頂葡萄乾土司麵包的Tips。

紅豆甜麵包

烘焙丙級技術士考題之一

題目★製作每個麵糰60公克、紅豆餡30公克之紅豆甜麵包：❶18個 ❷20個 ❸24個。紅豆餡爲帶皮紅豆餡，由承辦單位準備。

配方

	材料	百分比（%）	克（g）
	高筋麵粉	100	590
a	奶粉	4	24
a	即溶酵母粉	1	6
a	細砂糖	15	89
a	鹽	1.5	9
a	全蛋	6	36
a	水	53	315
a	酥油	8	47
	合計	188.5	1,116
	紅豆餡		540

製作條件
1.發酵法：直接法 2.基本發酵：溫度28℃／相對溼度75%約90分鐘 3.分割重量：@60克／共18等份 4.中間發酵：10分鐘 5.最後發酵：溫度38℃／相對溼度85%約30～40分鐘 6.烤焙溫度：上火210℃／下火170℃ 7.烤焙時間：12～15分鐘

作法

1.麵糰製作依照p.120奶酥甜麵包作法1~5。

2.紅豆餡分成18等分備用。

3.用手拍出麵糰內的氣泡，將紅豆餡包入麵糰中，用虎口收緊封口（如p.121圖a），分別排放在烤盤上，進行最後發酵約30~40分鐘。

4.當麵糰膨脹至2倍大時，刷上均勻的蛋液，入爐烤焙。

5.出爐後放在網架上冷卻。

※包餡時應注意須在麵糰中央，用虎口收口時需確實捏緊。

※烤焙時注意上火溫度，應避免上色過度，失去彈性。

奶酥甜麵包

烘焙丙級技術士考題之一

題目★製作每個麵糰60公克、奶酥餡30公克之奶酥甜麵包：❶18個 ❷20個 ❸24個。奶酥餡由考生自行製作，損耗爲5%。

配方

	材料	百分比（%）	克（g）	製作條件
a	高筋麵粉	100	590	1.發酵法：直接法 2.基本發酵：溫度28°C / 相對溼度75%約90分鐘 3.分割重量：@60克 / 共18等份 4.中間發酵：10分鐘 5.最後發酵：溫度38°C / 相對溼度85%約30～40分鐘 6.烤焙溫度：上火210°C / 下火170°C 7.烤焙時間：12～15分鐘
a	奶粉	4	24	
a	即溶酵母粉	1	6	
a	細砂糖	15	89	
a	鹽	1.5	9	
a	全蛋	6	36	
a	水	53	315	
	酥油	8	47	
	合計	188.5	1,116	

※ 奶酥餡

材料	百分比（%）	克（g）	作法
無鹽奶油	80	168	1.奶油軟化後加糖粉拌勻。 2.加入全蛋拌勻。 3.加入奶粉用手抓成糰狀。
糖粉	70	147	
全蛋	20	42	
奶粉	100	210	
合計	270	567	

作法

1.材料a全部放入攪拌缸內，以低速攪拌至乾、溼材料混合。

2.轉成中速攪打至麵糰捲起階段，即加入酥油。

3.麵糰攪打至油脂完全被吸收，麵筋已形成，不易斷裂，並具有延展性，可拉出小片薄膜達擴展階段。

4.麵糰滾圓好後，放入鋼盆中，進行基本發酵約90分鐘。

5.奶酥餡分成18等分備用。

6.麵糰分割成18等分，分別滾圓後，進行中間發酵10分鐘。

7.用手拍出麵糰內的氣泡，將布丁餡包入麵糰中，用虎口收緊封口，分別排放在烤盤上，進行最後發酵約30~40分鐘（圖a, b）。

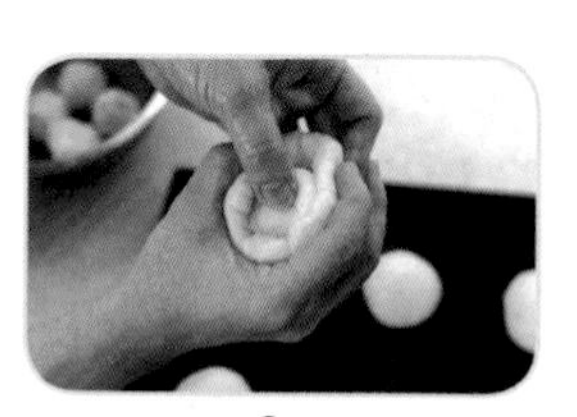
a

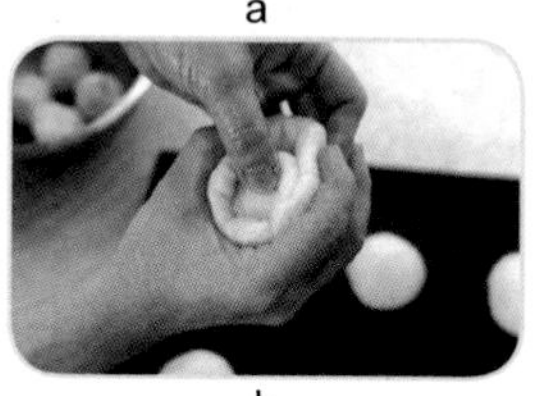
b

8.當麵糰膨脹至2倍大時，即刷上均勻的蛋液，入爐烤焙。

9.出爐後放在網架上冷卻。

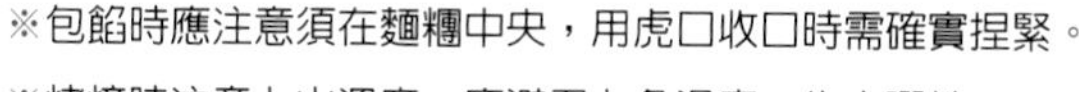

※包餡時應注意須在麵糰中央，用虎口收口時需確實捏緊。

※烤焙時注意上火溫度，應避免上色過度，失去彈性。

鮮奶油辮子麵包

配方

	材料	百分比（%）	克（g）
a	高筋麵粉	100	400
a	細砂糖	15	60
a	鹽	1	4
a	即溶酵母粉	1.5	6
a	蛋黃	9	36
a	動物性鮮奶油	50	200
a	牛奶	20	80
	無鹽奶油	10	40
	合計	206.5	826

製作條件
1.發酵法：直接法
2.基本發酵：溫度28℃／相對溼度75%約90分鐘
3.分割重量：@65克／共12等份
4.中間發酵：10分鐘
5.最後發酵：溫度38℃／相對溼度85%約30～40分鐘
6.烤焙溫度：上火190℃／下火170℃
7.烤焙時間：18～20分鐘

※酥鬆粒（裝飾）

材料	百分比（%）	克（g）	作法
糖粉	60	60	酥鬆粒作法：糖粉、低筋麵粉及奶粉混合均勻，再加入奶油用手輕輕搓勻成細小顆粒（如右圖）。
低筋麵粉	100	100	
奶粉	10	10	
無鹽奶油	80	80	
合計	250	250	

作法

1.材料a全部放入攪拌缸內，以低速攪拌至乾、溼材料混合。

2.轉成中速攪打至麵糰捲起階段，即加入奶油。

3.麵糰攪打至油脂完全被吸收，麵筋已形成，不易斷裂，並具有延展性，可拉出小片薄膜達擴展階段。

4.麵糰滾圓好後，放入鋼盆中，進行基本發酵約90分鐘。

5.麵糰分割成12等分，分別滾圓後，進行中間發酵10分鐘。

6.麵糰整形成長約30公分的長條形（圖a），再編成辮子狀（圖b），放入烤盤進行最後發酵約30~40分鐘。

7.麵糰表面刷上均勻的蛋液，再撒上均勻的酥鬆粒即可烤焙。

a

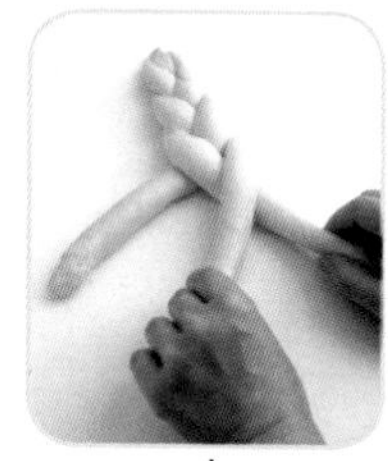

b

※製作酥鬆粒時，無鹽奶油不需軟化，應保持凝固狀，搓揉時才不易融化黏手；剩餘的酥鬆粒可裝入塑膠袋內，放在冷藏室長期保存。

※麵糰編成辮子狀，不用刻意編得太緊密，手法自然即可；但須注意頭尾要確實捏緊。

※動物性鮮奶油不含糖分，且味道香醇，勿以植物性鮮奶油代替。

湯種鮮奶吐司

配方

	材料	百分比（%）	克（g）
	※湯種		
	高筋麵粉	6	60
	水	31.25	300
	鹽	0.3	3
	※主麵糰		
a	高筋麵粉	94	900
a	奶粉	3	29
a	即溶酵母粉	1.25	12
a	細砂糖	8	77
a	鹽	1	10
a	牛奶	72	391
	酥油	6.25	60
	合計	223.05	1,842
	※裝飾		
	蛋液		1個
	杏仁片		30g

製作條件

1. 模型：12兩吐司模三個
2. 發酵法：直接法
3. 基本發酵：溫度28℃／相對溼度75%約90分鐘
4. 分割重量：@300克／個，共6個
5. 中間發酵：10～15分鐘
6. 最後發酵：溫度38℃／相對溼度85% 35～40分鐘，約9分滿
7. 烤焙溫度：上火150℃／下火210℃
8. 烤焙時間：約30分鐘

作法

1. 將所有湯種的材料一起放入鍋中混合拌勻（圖a），以小火邊煮邊攪煮至透明狀（圖b）。
2. 盛出湯種麵糊蓋上保鮮膜，冷卻後放入冰箱冷藏約8小時以上（圖c）
3. 將冷藏後的湯種麵糰與主麵糰的材料a以低速攪拌至乾、溼材料混合。
4. 轉成中速攪打至麵糰捲起階段，即加入酥油。
5. 麵糰製作依照p.106山形白吐司麵包作法1~4，麵糰攪拌至完成階段可拉出大薄膜（圖d）。

a b c d

6.麵糰分割成6等份，分別滾圓後，進行中間發酵10~15分鐘（圖e）

7.用手拍出麵糰內的氣泡，用擀麵棍將麵糰前後擀開呈長麵皮狀，接著翻面將麵糰橫放捲起成圓柱體（圖f）。

8.麵糰的收口朝下，放入烤模內（圖g），進行最後發酵40~45分鐘，約9分滿時即將麵糰表面刷上蛋液，並撒上適量的杏仁片即入爐烤焙（圖h, i）。

9.麵包與烤模有分離現象時，即表示外皮已上色，即可出爐，脫模後放在網架上冷卻。

e f g h i

※ 麵糰滾圓、整形時力道需平均且一致，成品高度才會相同。

※ 麵糰刷蛋液時，只需薄薄一層即可，以避免烤焙時上色過深。

※ 未帶蓋的吐司表面易上色，務必注意烤焙時的上火溫度，以免提早焦化，造成內部麵糰不易烤熟；須適時蓋上鋁箔紙以防止上色過深。

※ 確認麵包與模型微微分離時，即可出爐，應避免麵包四周上色過淺，否則麵包冷卻後即易收縮。

佛卡恰

配方

	材料	百分比（%）	克（g）
a	高筋麵粉	100	600
a	細砂糖	3.3	20
a	鹽	0.8	5
a	即溶酵母粉	1.3	8
a	水	57	340
	橄欖油	3.3	20
	合計	165.7	993
	※烘焙前用料		
	橄欖油		20
	大蒜（切片）		10粒
	鹽		適量
	白胡椒		適量

製作條件
1.發酵法：直接法 2.基本發酵：溫度28℃／相對溼度75%約70分鐘 3.分割重量：@485克／共2等份 4.中間發酵：10分鐘 5.最後發酵：溫度38℃／相對溼度85%約30～40分鐘 6.烤焙溫度：上火190℃／下火170℃ 7.烤焙時間：25～30分鐘

作法

1. 材料a全部放入攪拌缸內，以低速攪拌至乾、溼材料混合。
2. 轉成中速攪打至麵糰捲起階段，即加入橄欖油。
3. 麵糰攪打至油脂完全被吸收，麵筋已形成，不易斷裂，並具有延展性，可拉出小片薄膜達擴展階段。
4. 麵糰滾圓好後，放入鋼盆中，進行基本發酵約70分鐘。
5. 麵糰分割成兩等份，分別滾圓後，中間發酵約10分鐘。
6. 麵糰擀成直徑約20~25公分的圓餅形，在表面剪小刀口（圖a），並刷上均勻的橄欖油，接著在所剪的刀口處插上大蒜片（圖b），撒上適量的鹽及白胡椒，即可烤焙（圖c）。

a

b

c

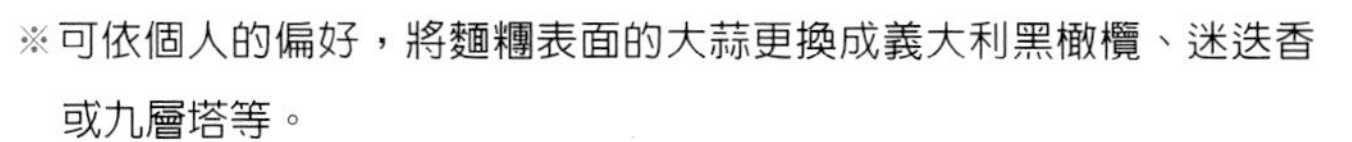

※可依個人的偏好，將麵糰表面的大蒜更換成義大利黑橄欖、迷迭香或九層塔等。

❧ 關於佛卡恰 ☙

佛卡恰（Focaccia）緣自於義大利北方，爲義大利傳統家常麵包。佛卡恰純樸的厚實大餅外型卻是現今披薩的前身。這道義大利主食麵包的製作過程並不講究，無論做成圓形或方形，最大的特色是用手指在麵糰表面戳出一個個的洞，也可隨興在麵糰表面剪些小刀口或用竹籤插洞，在抹上大量橄欖油之後，以適量的鹽及黑胡椒調味，然後再撒上各式香料，放些大蒜、黑橄欖、起司、火腿等當作配料，或是放上自己喜愛的食材，即成簡單美味的麵包。

第六章 西式點心

- 小西餅
- 派（塔）
- 奶油空心餅
- 鬆餅
- 膠凍類西點
- 披薩
- 甜甜圈
- 西式點心實作

近幾年來喝下午茶的風氣非常興盛，連帶地烘焙市場也是一片欣欣向榮的景象，在咖啡館、糕餅專賣店、連鎖餐廳、五星級飯店中常會見到一堆爭奇鬥艷的西點，其精緻程度經常吸引消費者目光，也讓人激起品嚐的欲望，因此偷得浮生半日閒，品嚐甜點佐以香茶或咖啡，是忙碌的現代人最方便的生活調劑。因此就生活品味而言，「西點」絕非只是飲食中的配角而已；其類別的豐富性與市場價值已在烘焙食品中佔有一席之地。

在烘焙業者不斷引進新原料、新技術下，所謂的「西點」早已脫離過去的範疇，因此也讓消費者見識到歐美國家傳統的知名甜點，如杏仁小圓餅（Macarons）、可露麗（Cannelé），其中變化多端的慕斯、布丁類產品幾乎已成為市場上西點專櫃的要角。一般西點的基本分類大致有小西餅（餅乾）、派（塔）、奶油空心餅（泡芙）、鬆餅、膠凍類、披薩、甜甜圈等。

小西餅

西式點心中的小西餅，泛指「餅乾」類，應算是所有的烘焙點心中，最具簡易性與方便性的一項，就算只有糖、油、蛋、粉等最基本素材，也能完成餅乾的製作。在配方豐富變化下運用各種材料，從鬆軟到酥脆、或甜或鹹地變化出各種風味餅乾，老少咸宜，親和力十足；特別是餅乾的含水率極低，易長期保存，近年來更以精緻形象出現，成爲訂婚、結婚的禮盒，或是茶會、下午茶中必備的小點心。

一、小西餅的分類

餅乾世界中，因爲不同的配方比例，在製作過程中，即會出現材料拌合後的不同屬性，最後經過烘烤，而產生各式的口感與風味，以下則是最常見的兩大類型：

(一)麵糊類

油份或水份含量高，拌合後的材料溼度大，呈稀軟狀，無法直接用手接觸，需藉由湯匙或擠花袋塑形，例如：擠花餅乾。

(二)麵糰類

拌合後的材料，手感明顯較乾硬，可直接用手接觸塑形，有時配方內是以水分將材料組合成糰，因此口感較脆，例如：手工塑形餅乾及切割餅乾。

二、小西餅的製作方式

依食材的特性，區分爲濕性與乾性兩類，再以不同的拌合方式與順序，而呈現麵糊或麵糰，最常用的方式如下：

(一)糖油拌合法

先濕後乾的材料組合，即奶油在室溫軟化後，分次加入蛋液或其他濕性材料，再陸續加入乾性材料混合成麵糊或麵糰。

(二)油粉拌合法

先乾後濕的材料組合，即所有的乾性材料，包括麵粉、泡打粉、小蘇打粉、糖粉……等先混合，再加入奶油（或白油），用雙手輕輕搓揉成鬆散狀，再陸續加入濕性的蛋液或其他的液體材料，混合成麵糰。

(三)液體拌合法

將乾性材料的各式食材，例如乾果、堅果及麵粉等，直接拌入融化後的奶油或其他液體食材中，混合均勻即可塑形，例如：薄片餅乾。

三、小西餅的品嚐與保存

小西餅的品嚐與保存應注意下列幾點：

1. 成品出爐待完全放涼後，餅乾的酥、鬆、脆、香的各種特性才會出現，也才是最佳的品嚐時機。
2. 如成品有回軟現象，仍可以低溫慢烤方式將水分烤乾，即會恢復原有的口感。

3. 成品出爐待完全放涼後，應避免在室溫下放太久又吸收濕氣而變軟，需立即裝入密封的玻璃罐、保鮮盒或塑膠袋內，依環境的溼度或成品的類別，放在室溫下約可存放7~10天。

派（塔）

派屬於歐美國家的烘焙食品，是以餅皮包著餡料所做的點心，具酥脆型的口感特色，派皮與派餡構成派的組合，美味的派需要有調製得當的派餡，以及酥鬆爽口的派皮，兩者均不可疏忽，否則就會影響派的品質，並失去應有的風味。歐美國家習慣將麵皮上的餡料又覆蓋麵皮者稱爲「派」（Pie），而餡料裸露在麵皮上未再覆蓋麵皮者稱「塔」（Tart），而坊間一般的認知，則以外型大小來區分派、塔，兩者稱呼有所差異；然而在派、塔相同的製作原理下，視爲同類型的點心頗爲恰當。

利用麵粉及奶油等基本材料所製成的麵糰，因不同的操作方式，而表現不同層次酥、脆、香的口感特色；而搭配的餡料，也極具豐富性，舉凡各式新鮮水果，如洋梨、蘋果、櫻桃、水蜜桃、芒果、無花果等，都能做成非常討好的水果餡料，另外堅果類的胡桃、核桃、開心果粒，還有香濃馥郁的巧克力、香滑細緻的乳酪等，也都適合調理入餡；另外以牛奶製成的醬汁搭配各式蔬果、肉類、海鮮的法式鹹派（Quich），其酥鬆的餅皮香與奶味十足的餡料，更增添派餡合一的豐富滋味。

一、派（塔）的分類

依不同的製作過程與呈現方式，可將派分成三大類：

(一)雙皮派

含盛裝餡料的派皮、內餡與覆蓋內餡表面的派皮三個部分，又依不同製作方式，可分成：

生派皮生派餡

生的派皮整形完成，填入生的內餡，再覆蓋一張生的派皮，同時烘烤至熟，例如：各式肉派。

生派皮熟派餡

生的派皮整形完成，填入熟的內餡，再覆蓋一張生的派皮，同時烘烤至熟，例如：各式水果派。

(二)單皮派

含盛裝餡料的派皮與內餡兩個部分，又依不同製作方式，可分成：

生派皮生派餡

生的派皮整形完成，填入生的內餡，同時烘烤至熟，例如：南瓜派、法式鹹派（Quich）等。

熟派皮熟派餡

生的派皮整形完成，先入爐烤熟再填入熟的內餡，例如：檸檬馬林派、各式戚風派等。

(三)油炸派

雙皮派內填入各式水果餡料，以油炸方式製作，例如：蘋果派、鳳梨派等。

二、派(塔)的製作要點

(一)派(塔)皮製作

派皮的基本材料非常單純，以麵粉、油脂為主，另外視需要添加適當比例的糖、蛋或水分等所製成的麵糰，然而卻必須講究其中的製作過程與方式，才能表現美味派皮應有的口感特性，因不同的派皮種類有其不同酥脆性，簡易作法歸類如下：

派皮	製作方式	製作過程	注意事項
簡易派皮 (餅乾派皮)	糖油拌合法	1.奶油在室溫下軟化後，加上糖粉打發均勻。 2.加入蛋液後，篩入麵粉，拌成麵糰。	※奶油確實軟化才易操作。 ※麵糰鬆弛後再使用。
酥麵派皮	油粉拌合法	1.油脂軟化後倒在粉堆中，拌合後用手輕輕搓成鬆散狀。 2.加入冰水（或蛋液）輕輕壓拌成麵糰狀。	※油脂不可融化，與麵粉拌合搓揉也不可過久，以免影響酥脆效果。 ※麵糰冷藏鬆弛後再使用。
酥片派皮	油粉拌合法	1.固態油脂加入粉堆中，用大刮板切割成顆粒狀。 2.做成粉牆，將冰水倒入其中，拌合成麵糰。	※需以融點高的油脂製作。 ※油脂在粉堆中因切割後大小顆粒差異，影響派皮的層次與口感，顆粒越大者，層次越大片，反之則較小。 ※麵糰冷藏鬆弛後再使用。

(二)派(塔)皮整型

要將派(塔)皮塑成不同的造型,無非都要在派盤上操作,善用各種形狀、不同尺寸的模型,並在派皮麵糰上做出各式圖案,同時注意以下的重點,即能順利完成派皮的製作:

1. 麵糰要有足夠鬆弛時間,使麵糰內的水分完全被吸收,才易於整型。
2. 擀麵皮時,需撒上高筋麵粉以防止沾黏,擀皮的同時力道要均匀、厚薄需一致,須注意環境溫度過高時,麵糰內的油脂易融化而不利操作,而影響成品口感。
3. 完成後用擀麵棍捲起麵皮,鋪在派盤上,用手輕壓表面使派皮確實緊貼在派盤上,待麵皮鬆弛五分鐘後,用大刮板切除邊緣多餘的麵皮,接著在邊緣做各式花樣。
4. 製作雙皮派時,需用蛋液黏合上、下派皮,並在上派皮叉小洞,或事先用刻模器在上派皮上切割圖案,即可防止受熱時爆開。

(三)派(塔)皮烤焙

恰當的火侯控制與烤焙技巧,有助於成品的色澤、口感與賣相。

1. 整型完成後,需鬆弛約10分鐘,才可烤焙,以防止成品劇烈收縮。
2. 烤焙前,在派皮表面刷上均匀的蛋黃液,以增加成品色澤的美觀。
3. 須以高溫約200℃~210℃烤焙,派皮受熱時,才不會釋出油脂。
4. 單烤派皮時,需用叉子在派皮上叉洞,以防止烤焙時膨脹,如烤焙過程中仍有隆起情況,可用湯匙輕壓繼續烤焙。
5. 烘烤時需注意派皮的上色程度,尤須特別注意底火溫度,因底部派皮隔著烤模同時盛裝含水的派餡，所以下火溫度應適度調高，以免上、下派皮未同步烤熟。

6. 檢視派皮與派盤邊緣呈分離狀，即表示成品已烤熟上色。

奶油空心餅

奶油空心餅即一般人稱的泡芙（puff），製作方式異於其他西餅，用料也非常單純，主要是油、水、麵粉以及蛋液，製作原理是將油與水煮至沸騰後，將麵粉加熱糊化，再以高溫烘烤，使麵糊中的水蒸氣充分膨脹，成品即呈不規則的空心球形；再將餡料填入其中，外脆內軟的甜美口感，深受坊間消費者喜愛。

奶油空心餅的麵糊除了擠製成一般常見的圓球形外，也可隨著麵糊流性，擠成天鵝造型，主要內餡是奶油布丁餡、打發的鮮奶油等。另外在法國常見的愛克力（Éclair），則以長條狀呈現，成品表面覆蓋各種顏色的糖霜，光彩奪目的炫麗造型，素有閃電泡芙的美名。其次可將麵糊擠成圓圈狀，以油炸方式製作，名爲法國道納司。

一、奶油空心餅製作方式

(一)攪拌

1. 油與水一同煮沸，將火轉至最小，迅速倒入麵粉，用木匙快速攪拌均勻，成爲糊狀物。
2. 冷卻至60℃左右，分次加入蛋液，攪拌均勻。
3. 麵糊裝入擠花袋內，開始擠製。

(二)成型

1. 烤盤需抹油或鋪烤盤紙防止沾黏。
2. 擠麵糊時，需注意大小一致，烘烤受熱才會一致，注意麵糊排盤時的位置須留出空間，避免成品膨脹後互相沾黏。
3. 擠好的麵糊需立刻入烤箱烤焙，以避免麵糊表面乾燥結皮。
4. 以高溫烘烤，上火200℃、下火180℃，約20~25分鐘後定型上色後，可降低溫度繼續烘烤 5~10分鐘，待完全上色即可關火，最後可利用餘溫徹底燜乾。
5. 注意在烘烤過程中，未定型上色前不可打開爐門，以免烤箱溫度降低，導致成品收縮。
6. 避免麵糊瞬間受熱影響膨脹，可在入爐前利用噴水槍噴些霧氣在麵糊表面。
7. 烤後的成品具均勻的金黃色，外型膨脹且輕盈。
8. 成品出爐時，須立即趁熱劃出。

二、奶油空心餅品嚐、保存

奶油空心餅製作完成，填入內餡後，須放入冷藏室保存，待產品完全冰透後，才是最佳品嚐時機；如製作完成後欲存放兩、三天，則需分別密封再冷藏保存，待要食用時，應將卡士達醬快速攪拌成鬆發狀，再填入空心餅內。

鬆餅

一般烘焙食品在烤焙過程中呈現的膨脹、鬆發作用，不外乎是利用化學膨大劑、酵母所造成，另外以糖油拌合法、蛋糖拌合法的攪拌過程，足以拌入大量空氣，經由烘烤受熱而膨脹；而鬆餅層次分明的膨脹原理，卻異於以上的製作方式，主要是利用攪拌好的麵糰裹入均勻的油脂，再摺擀數次後，即呈現麵皮與油脂的層次效果，經高溫烤焙後，則會形成酥、鬆、脆的酥皮；無論口感還是成品色澤，非常討好消費者，唯製作時須付出時間與耐心，才能順利完成。

一、鬆餅製作方式

鬆餅的製作過程大致分成麵糰攪拌、裹入油脂、麵糰摺疊、整形、烤焙等步驟，其重點如下：

(一)麵糰攪拌

麵糰如一般麵包的攪拌方式，至擴展階段即可，接著進行不同的裹油與摺疊方式。

(二)裹入油脂

因不同的裹油方式，大致分成以下三種：

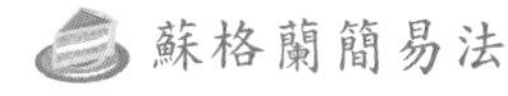

蘇格蘭簡易法

此種方法是三者中較省時間的方式，產品酥脆，但膨脹力最弱。

1. 將油脂切成大的顆粒狀，再放入麵粉堆中混合，接著倒入冰水輕輕攪拌成糰，注意勿攪拌過度並避免油脂融化。
2. 麵糰冷藏鬆弛約30分鐘，開始摺疊。

 法式裹油法

製作較耗時，但產品的膨脹力較大。

1. 麵糰攪拌至擴展階段，將麵糰滾圓後，在麵糰表面切十字刀口，深入麵糰的3公分，蓋上保鮮膜鬆弛約10分鐘。
2. 用擀麵棍在裂口處向四角擀開，呈中央厚四角薄的麵皮。
3. 裹入油脂放在麵糰中央，將四個角的麵皮向內摺。
4. 麵糰冷藏鬆弛約30分鐘，開始摺疊。

 英式三摺法

麵糰攪拌與法式裹油法相同。

1. 麵糰攪拌至擴展階段，將麵糰滾圓鬆弛約10分鐘後，擀成長度約寬入3倍的長方形麵皮。
2. 將油脂切成大顆粒狀，平鋪在麵皮2/3處，再將未鋪油的1/3麵皮反摺蓋在已鋪油的麵皮上，最後將已鋪油的麵皮摺入蓋在未鋪油的麵皮上。
3. 麵糰冷藏鬆弛約30分鐘，開始摺疊。

(三)麵糰摺疊

無論以上那種裹油方式，在進行麵糰摺疊前，都需先冷藏鬆弛，才有利於摺疊的動作，除了英式三摺法外，還有四摺法，通常用於法式裹油法。

(四)整形

麵糰摺疊完成後，則可製作不同造型的成品，將麵糰切割成適當大小，無論整形後直接入烤，或是搭配各式餡料，即可變化出很多可口的鬆餅點心。

(五)烤焙

1. 烤盤不需抹油，直接將整型好的麵皮排放在烤盤上，應留適當空間，以避免烤焙中體積膨脹而沾黏。
2. 整型完成的麵皮，需有足夠時間鬆弛才可烘烤，以避免成品收縮。
3. 表面刷上蛋液，增添色澤與賣相效果。
4. 需以大火烤焙，以避免麵皮內的油脂滲出，約上火220℃、下火200℃烤至定型後，再以中火持續烤熟。
5. 出爐後的成品，放涼後可依需要填入餡料。

二、鬆餅製作要點

1. 應在低溫環境中操作，以避免油脂融化，成品才會酥脆。
2. 擀麵糰時，需撒高筋麵粉防止沾黏，但包入油脂時，需用刷子將多餘的粉刷除，否則產品會變得脆又硬。
3. 油脂包好後，麵糰需確實鬆弛，否則在摺擀中不利操作。
4. 注意油脂與麵糰的軟硬度，需配合恰當。

膠凍類西點

廣義來說，膠凍類西點泛指液體材料凝結成固態的食品，而足以讓液體凝結的材料即稱做「膠凍材料」，例如：蛋、麵粉、玉米澱粉、樹薯澱粉、吉利丁、植物膠等，這些材料的凝固溫度都不同，且製成品的口感也有差異，因此就膠凍產品的不同，需選擇不同的膠凍材料來製作。

一、膠凍類西點的分類

西點中的膠凍類點心，統稱為「布丁」（Puddings），凡具有凝結性的點心都以這個名詞稱呼，因此所謂的「布丁」與我們認知的意義是不同的。但在眾多膠凍類西點中，因各種不同的凝結材料與製作方式，而有不同的專有名詞，不過就製作與主要用料而言，幾乎大同小異，大致分類如下：

(一)果凍（Jelly）

本類產品的膠凍原料是動物膠（吉利丁，Gelatine）、洋菜或其他海藻膠，通常利用各種果汁、茶汁、咖啡、可可等調味製作，很容易變化出不同風味的果凍；每種膠凍原料的凝結溫度有所不同，但一般來說，將材料煮好後，經冷藏凝固即可食用。

(二)布丁（Pudding Cream）

因添加膠凍材料的不同，分成煮和烤兩種製作方式，前者利用玉米澱粉（Cornstarch）與牛奶加熱成糊狀物，冷卻後成固態時即可切割食用，或作為派餡、麵包餡之用途，又稱「奶油布丁」，如檸檬布丁派的製作方式。而用烤的方式所做的布丁，其中的凝結材料則是雞蛋，另外還有添加吐司的，如法式麵包布丁，以及添加米飯的義式米布丁等，通常當做餐後熱食的甜點。

(三)牛奶雞蛋布丁（Custard）

因凝結後的型態不同，而有不同稱呼；凡利用雞蛋將牛奶烤焙而凝結的產品，即稱「牛奶雞蛋布丁」，其香滑細緻的口感，頗受一般消費者歡迎。而凝結材料雞蛋與牛奶比例的高低，則影響成品的軟硬度，雞蛋比例越高，成品越紮實，反之則越細滑。

另外除了雞蛋外，並添加玉米澱粉或麵粉，以直接加熱方式煮成的糊狀物，則稱「卡士達醬」（Custard Cream），又稱「奶油布丁」，通常用於奶油空心餅（如泡芙）、水果派（塔）的內餡。

(四)慕斯（Mousse）

慕斯的原意是指充滿空氣的意思，因內含打發的鮮奶油或蛋白霜，因而造成慕斯的口感特性，是頗受歡迎的歐式甜點；可利用各式食材、酒類、香料搭配製作，並以吉利丁作為凝固材料，而變化出各種風味的產品。

(五)巴巴露（Bavarois）

與慕斯類似的產品，內含蛋黃及牛奶所做的醬汁（安格列斯，Angelaise Cream），並搭配各式材料混合煮勻後，與打發的鮮奶油拌合而成。

二、常用的凝結材料

（一）蛋

雞蛋在西點中除了提供香氣與上色功能外，加熱後具有凝結作用，經常用於蒸或烤的西點中，如雞蛋牛奶布丁（Custard），而雞蛋比例的多寡直接影響成品的口感，量多則成品厚實，量少則柔軟細滑，通常一份雞蛋是以四倍的水混合即可凝結。

（二）玉米澱粉

玉米澱粉（Cornstarch）是西點中經常用的增稠材料，加熱約65℃時即漸漸使液體呈凝膠狀態，利用玉米澱粉所作的產品具透明感，質地細滑順口，如奶油布丁（Puddings）。

（三）吉利丁

吉利丁（Gelatin），又稱明膠，是由動物骨骼和結締組織中的膠原蛋白（Collagen）部分水解而成的。用於西點中的明膠，呈微黃的透明片狀，置於冷水中能形成膨脹作用，當水溫高於35℃以上時，明膠會漸漸溶解，完全溶化後即可用於各式冷點，在液體中的凝固點約2℃時產生凝膠狀態。另外吉利丁也應用在其他各式食品中，如調味醬汁、果醬的增稠劑，在布丁、果凍、慕斯中具凝固效果；另外也提供食品中穩定作用，可防止產品脫水收縮的現象。

三、膠凍類製作要點

(一)果凍(Jelly)

依不同凝固材料，作法分別如下：

1. 使用吉利丁片：須先將吉利丁用冰開水泡軟，再與已加熱的材料混合攪拌至溶化。
2. 使用洋菜粉（寒天）、吉利T粉（果膠粉）：先將洋菜粉或吉利T粉與細砂糖放在乾鍋中拌勻，再倒入液態材料，攪拌均勻至溶化，即可倒入模型中待冷卻凝固。

(二)布丁(Pudding Cream)

或稱奶油布丁，一般作法如下：

1. 配方中的粉料（玉米澱粉或麵粉）一起過篩，與全蛋混合拌勻。
2. 牛奶加細砂糖煮至沸騰，沖入上述材料中，需邊倒邊攪，拌勻後過篩續煮。
3. 用小火煮至凝膠狀，最後加入奶油攪成光滑細緻的糊狀即可。

(三)牛奶雞蛋布丁(Custard)

1. 牛奶與細砂糖加熱至糖溶化後，沖入蛋液中，需邊倒邊攪，過篩後即成布丁液。
2. 布丁液倒入模型中，即可蒸烤。

(四)慕斯（Mousse）

1. 配方中的主料，如各式新鮮果泥、巧克力糊、乳酪，或其他素材，煮好後加入泡軟的吉利丁片，隔冰水完全降溫冷卻。
2. 冷卻後的濃稠度（比重）須與打發的鮮奶油接近，兩者才可混合。

(五)巴巴露（Bavarois）

1. 牛奶與細砂糖用小火煮至糖溶化後，慢慢沖入蛋液中，需邊倒邊攪拌，避免蛋液結粒。
2. 混合好後，再繼續加熱，注意需不停攪拌至濃稠狀醬汁，即是安格列斯餡（Angelaise Cream）。濃稠的檢視方式：用木匙攪拌時，殘留在木匙上的醬汁，用手劃過後會留下一條痕跡，不會被醬汁覆蓋。
3. 安格列斯餡煮好後，待完全冷卻後再與打發鮮奶油拌合，即是牛奶巴巴露。
4. 如安格列斯餡煮好後，還另加其他配料（如各式果泥），再與打發鮮奶油拌合，即是加味的巴巴露。

披薩

披薩（Pizza）源自義大利南部的拿坡里（Napoli），從最早的披薩元祖「瑪格麗特披薩」（Margherita爲19世紀義大利王妃之名）開始，初時只是在餅皮上抹點番茄醬汁，撒上起士與羅勒葉，以最簡單的方式呈現，最後則衍生出各式口味的披薩。披薩引進台灣以來，在食材運用與口味變化上，不斷推陳出新以迎合消費者的口味偏好，無論當成主食或是點心，頗受大眾喜愛。

披薩製作

製作披薩時，主要分成兩個部分，一是餅皮，二是餡料；前者如同麵包的製作，而內餡則可調上番茄醬、各式海鮮、肉類、蔬果、乳酪等，兩者合爲一，烘烤加熱至熟即可。

甜甜圈

「甜甜圈」爲消費者所熟知的油炸食品，屬於道納司（Doughnuts）的產品類別，用料與一般甜麵包幾乎相同，只是配方比例有異，另外也可在基本配方下調配其他材料增添風味，還可做出各式造型，並以霜飾美化成品外觀，如同坊間流行的甜甜圈，花樣繁多，口味豐富。

甜甜圈分類

依配方內不同膨鬆劑的添加與製作方式，大致有三種分類：

(一)酵母道納司

以酵母（Yeast）發酵所製成，麵糰攪拌、基本發酵如同一般甜麵包，擀麵糰時可撒上高筋麵粉以防止整型沾黏，切割時如p.205的方式用甜甜圈切割模壓出造型，撒粉後鋪排在適當位置。將油加熱至170℃左右，刷除麵糰上多餘的麵粉，再慢慢放入油鍋中，當麵糰稍定型時即開始不停翻面，以免燒焦。取出油炸成品，放在紙巾上吸掉多餘油份，放涼後可撒上糖粉或沾裹巧克力裝飾。

(二)蛋糕道納司

配方內添加泡打粉（Baking Powder）作爲鬆發劑，如蛋糕體的鬆軟組織；以糖油拌合法製作，注意勿攪拌過度以避免麵糊出筋；完成後的麵糊裝入附有尖齒花嘴的擠花袋內，將麵糊直接擠在一張張的防沾蛋糕紙表面，直徑約6~7公分的圈狀，將擠好的麵糊連同蛋糕紙，以麵糊朝下方式，直接放入中溫約170℃油鍋中油炸，約一分鐘定型後開始不停翻面，炸至金黃色即可。取出油炸成品，放在紙巾上吸掉多餘油份，放涼後可撒上糖粉裝飾。

(三)麻花道納司

具有以上兩種道納司的特色，以蛋糕道納司的麵糊加入適量的發酵麵糰（如甜麵包的麵糰），兩者攪拌完成的麵糰，整形成麻花狀造型，即入油鍋中油炸。

(四)法式道納司

配方與奶油空心餅類似，但麵糊較奶油空心餅濃稠，油炸方式如同蛋糕道納司。

西式點心實作

原味奶酥小西餅

配方

材料	百分比（%）	克（g）	製作條件
無鹽奶油	65	130	1.製作器具：擠花袋、尖齒花嘴 2.製作方式：a.糖油拌合法 b.擠花成形 3.製作數量：約60片 4.烤焙溫度：上火180℃／下火160℃ 5.烤焙時間：25分鐘左右
糖粉	60	120	
鹽	1	2	
香草精	2.5	5	
全蛋	30	60	
牛奶	15	30	
奶粉	20	40	
低筋麵粉	100	200	
泡打粉	2	4	
合計	295.5	591	

作法

1. 無鹽奶油放在室溫下軟化後，加入糖粉及香草精先用橡皮刮刀攪拌均勻，再用槳狀攪拌器攪打均勻。
2. 分次加入全蛋快速攪打，再分次加入牛奶，繼續快速打發成均勻的奶油糊。
3. 加入奶粉，繼續快速攪打均勻。
4. 一起篩入低筋麵粉及泡打粉，用橡皮刮刀以不規則的方向拌成均勻的麵糊。
5. 麵糊裝入擠花袋中（圖a），用尖齒花嘴以順時針方向擠出直徑約4公分的螺旋狀即可烤焙（圖b、c）。
6. 烤約25分鐘左右呈金黃色，可熄火後繼續用餘溫燜10分鐘。

a

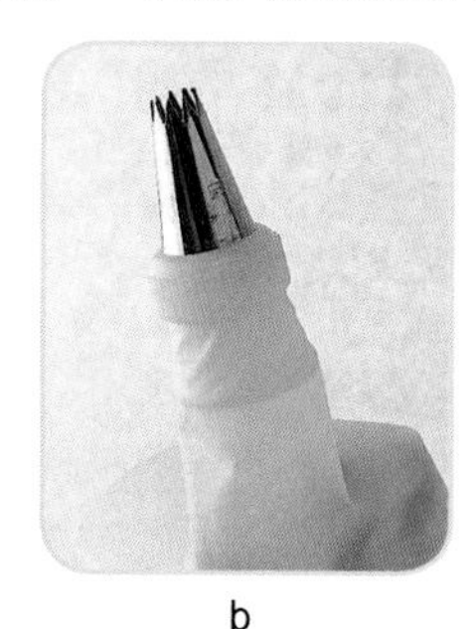
b

c

Tips

※麵糊分次裝入擠花袋內，一次的份量不可太多，否則不易操作。

※擠麵糊時，需將袋口扭緊，手掌握住的力道與收放，可控制麵糊擠出的厚度與形狀。

※需先將袋內的空氣擠出再開始擠麵糊。

※如因環境的溫度影響，造成麵糊稍變硬，可將放麵糊的容器置於熱水之上，利用沸騰的熱氣，可使麵糊變軟，但不要直接接觸熱水。

※擠麵糊時，擠花嘴距離烤盤約1公分。

迷迭香全麥酥餅

配方

材料	百分比（%）	克（g）	製作條件
新鮮迷迭香	2.3	9	1.製作方式：a.油粉拌合法 b.手工塑形 3.製作重量：@18~20g / 40個 4.烤焙溫度：上火180℃ / 下火150℃ 5.烤焙時間：25分鐘左右
糖粉	38.2	148	
低筋麵粉	77	300	
小蘇打粉	0.5	2	
全麥麵粉	23	90	
無鹽奶油	58	226	
蛋白	7.7	30	
合計	206.7	805	

作法

1. 新鮮迷迭香切碎備用（圖a）。
2. 糖粉、低筋麵粉及小蘇打粉一起過篩後，再加入全麥麵粉及無鹽奶油用雙手混合搓揉成均匀的鬆散狀。
3. 分別加入蛋白及新鮮迷迭香，繼續用手抓成均匀的麵糰。
4. 將麵糰包入保鮮膜內，冷藏鬆弛約30分鐘左右。

a

5. 取麵糰約18~20g，用手揉成圓球狀後，直接放在烤盤上，壓平呈直徑約5公分左右。
6. 烤箱預熱後即可烤焙，約25分鐘左右，可熄火後繼續用餘溫燜10分鐘左右。

※新鮮迷迭香1T是指去梗後的葉子淨重，如無法取得新鮮迷迭香，則以乾燥品取代。

堅果酥小西餅

配方

	材料	百分比（%）	克（g）
a	核桃	83	100
a	杏仁片	83	100
a	糖粉	83	100
	無鹽奶油	83	100
	糖粉	16	20
	即溶咖啡粉	4	5
	全蛋	83	100
	低筋麵粉	100	120
	泡打粉	1.6	2
	合計	536.6	647

製作條件

1.製作器具：擠花袋、尖齒花嘴
2.製作方式：a.糖油拌合法
b.擠花成形
3.製作重量：約@8g / 80個
4.烤焙溫度：上火180℃ / 下火150℃
5.烤焙時間：25分鐘左右

作法

1. 將材料a的核桃及杏仁片以上、下火150℃烘烤10分鐘，放涼後與糖粉一起用料理機攪打成粉末狀備用。
2. 無鹽奶油放在室溫下軟化後，分別加入糖粉及即溶咖啡粉先用橡皮刮刀拌勻，再用槳狀攪拌器攪打均勻。
3. 分次加入全蛋，快速打發成均勻的奶油糊。
4. 一起篩入低筋麵粉及泡打粉，接著加入作法1的材料，用橡皮刮刀以不規則的方向拌成均勻的麵糊。
5. 麵糊裝入擠花袋中，用平口花嘴擠出長約5公分、寬約3公分的m造型。
6. 烤箱預熱後即可烤焙，約25分鐘左右，熄火後繼續用餘溫燜10分鐘左右。

※烤箱不需預熱，直接將核桃及杏仁片以低溫將水分稍烤乾，並未烤熟。

※如無法使用料理機攪打堅果時，可將核桃及杏仁片盡量切碎，顆粒不可過大，否則易將花嘴口塞住。

※擠麵糊時，擠花嘴距離烤盤約1公分。

芝麻如意餅乾

配方

材料	百分比（%）	克（g）	製作條件
無鹽奶油	40	120	1.製作方式：a.糖油拌合法 b.切割成形 2.製作數量：約60片 3.烤焙溫度：上火180℃／下火160℃ 4.烤焙時間：20~25分鐘
糖粉	27	80	
蛋白	17	50	
香草精	1.3	4	
低筋麵粉	100	300	
泡打粉	0.6	2	
玉米粉	6	20	
合計	191.9	576	
※內餡			
黑芝麻粉	100	30	
糖粉	100	30	
合計	200	60	

作法

a

1. 內餡：黑芝麻粉加糖粉混合均勻備用。
2. 無鹽奶油放在室溫下軟化後，加入糖粉先用橡皮刮刀拌勻，再用槳狀攪拌器攪打均勻，再分別加入蛋白及香草精，快速打發成均勻的奶油糊。
3. 一起篩入低筋麵粉、泡打粉及玉米粉，用橡皮刮刀以不規則的方向拌成均勻的麵糰。
4. 將麵糰分割成2等分，分別包在保鮮膜內，先用手將麵糰推開呈長方形，再用擀麵棍擀成長約30公分、寬約20公分的片狀。

b

5. 內餡均勻地舖在麵糰表面（圖a），並用手壓緊。
6. 用手拉起保鮮膜，輕輕捲起麵糰至1/2處，接著再從另一端做相同的捲麵糰的動作（圖b），即呈相連的兩個圈狀（圖c）。
7. 捲好的麵糰包在保鮮膜內，冷藏約兩小時凝固後，再切割成厚約0.8公分的片狀即可烤焙。
8. 烤約20分鐘左右，熄火後繼續用餘溫燜10分鐘即可。

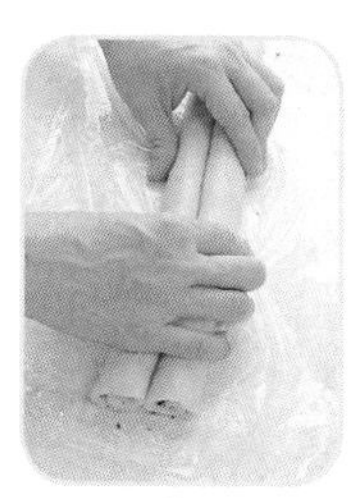

c

※ 麵糰推擀成長方形時，可用大刮板切掉四周不平整的麵糰（如右圖）。

※ 也可將麵糰放在冷凍庫約30分鐘左右待凝固，但不可變硬，否則不易切割。

雙色曲線酥

配方

材料	百分比（%）	克（g）	製作條件
糖粉	60	120	1.製作器具：擠花袋、尖齒花嘴
白油	70	140	2.製作方式：a.糖油拌合法
香草精	2.5	5	b.擠花成形
蛋白	30	60	3.製作數量：約50片
牛奶	15	30	4.烤焙溫度：上火170℃／下火160℃
低筋麵粉	100	200	5.烤焙時間：20~25分鐘
泡打粉	2	4	
無糖可可粉	2.5	5	
合計	282	564	

作法

1. 糖粉加入白油及香草精先用橡皮刮刀拌匀，再用槳狀攪拌器攪打均匀。
2. 分次加入蛋白快速打發，接著加入牛奶，繼續快速打發成均匀的糊狀。
3. 一起篩入低筋麵粉及泡打粉，用橡皮刮刀以不規則的方向拌成均匀的麵糊
4. 取麵糊約120g加無糖可可粉用湯匙拌匀（圖a），再與作法3的麵糊分開放入擠花袋內（圖b）。
5. 以傾斜45°擠出長約6公分、寬約3.5公分的彎曲狀（圖c）即可烤焙，約25分鐘左右，可熄火繼續用餘溫燜5分鐘左右。

a

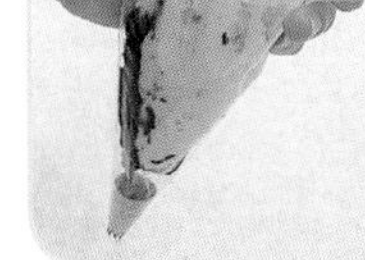
b

c

Tips

※要擠出雙色的麵糊，不需事先稍拌合，直接裝入袋內，才會出現對比的雙色。

※無糖可可粉也可用抹茶粉代替，而呈現不同效果。

※擠麵糊時，擠花嘴距離烤盤約1公分。

檸檬布丁派

烘焙丙級技術士考題之一

題目★製作7吋檸檬派：❶3個 ❷4個 ❸5個，派皮每個重200~250公克，派餡每個重量500公克。剩餘派皮超過 10%者不予計分。

配方

材料	百分比（%）	克（g）	製作條件
※派皮			1.製作方式：單皮派（熟派皮熟派餡） 2.模型：7吋派盤三個 3.派皮：酥麵派皮（油粉拌合法） 4.烤模處理：不需抹油 5.派皮重量：@200~250g / 個 6.烤焙溫度：上火200℃ / 下火220℃ 7.烤焙時間：25~30分鐘
a 高筋麵粉	50	190	
a 低筋麵粉	50	190	
酥油	65	247	
b 細砂糖	3	11	
b 鹽	2	8	
b 冰水	30	114	
合計	200	760	

※檸檬布丁餡			
a	牛奶	90	600
	細砂糖	35	291
	鹽	0.5	4
b	蛋黃	20	166
	牛奶	10	230
	玉米粉	15	125
c	無鹽奶油	5	42
	檸檬汁	15	125
	檸檬皮	2	17
合計		192.5	1,600

作法：

1.材料a用小火煮沸（圖a）。
2.材料b用打蛋器攪拌均匀。
3.材料a沖入材料b中，邊倒邊攪至均匀（圖b）。
4.放回爐火上，用小火邊煮邊攪至凝膠狀（圖c）。
5.加入材料c拌匀（圖d），表面貼上保鮮膜待冷卻備用。

a

b

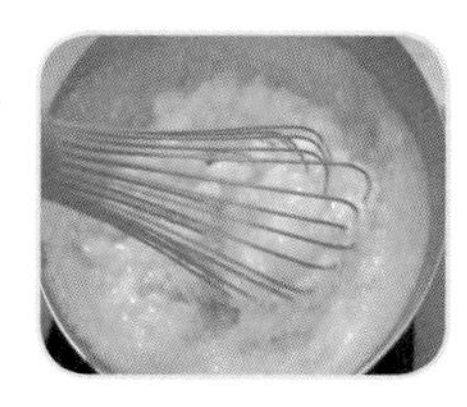
c

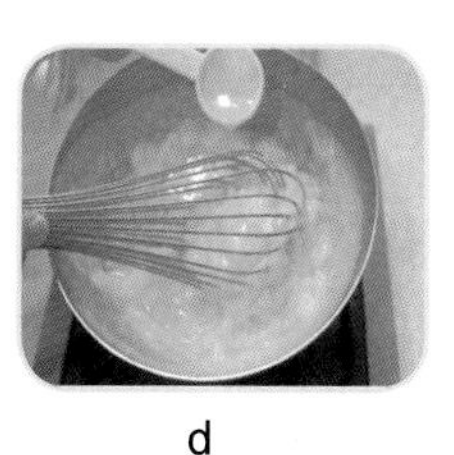
d

作法

1. 材料a過篩，酥油混合在粉堆中，用大刮板切成顆粒狀，再用手輕輕搓成鬆散狀，接著築成粉牆（圖e）。

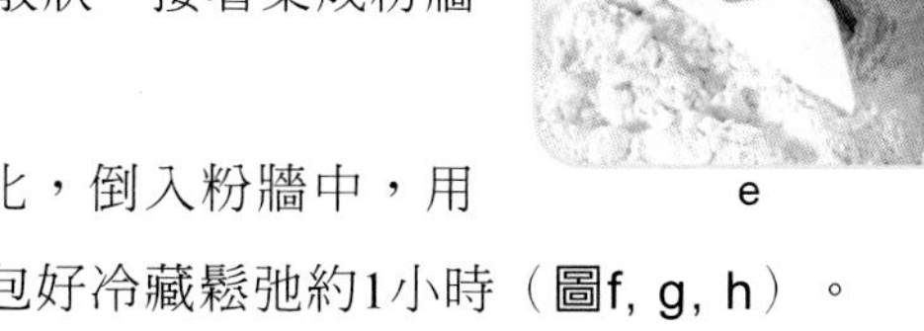
e

2. 材料b混合攪匀至糖、鹽溶化，倒入粉牆中，用大刮板按壓成糰，用保鮮膜包好冷藏鬆弛約1小時（圖f, g, h）。

f

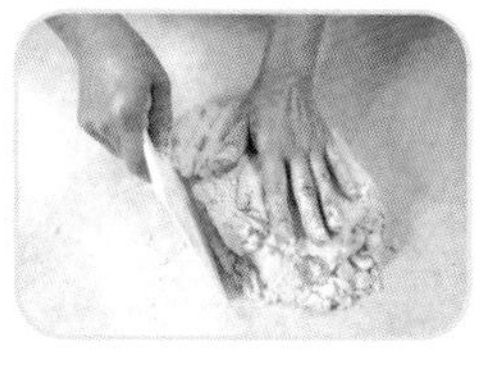
g

h

3. 派皮麵糰分割成3等分，撒上手粉將麵糰擀成圓片狀，需擀成比模型的面積大（圖i）。
4. 鋪在倒扣的派盤上，將邊緣的麵糰用刮板切除，用叉子將派皮表面叉洞，靜置鬆弛約10分鐘（圖j）。

i

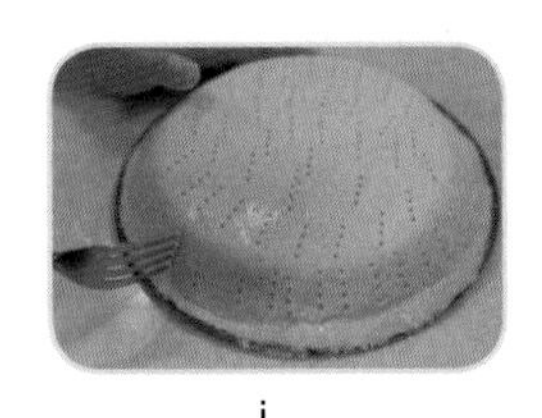
j

5. 派皮連同派盤一同送入烤箱，烤至金黃色派皮與派盤呈分離狀態即可出爐。
6. 派皮製作完成後，開始煮檸檬布丁餡，趁熱倒入派皮內，將表面抹平即完成。

Tips

※派皮製作時，勿搓揉過度，以免出筋影響口感。
※整形後的麵糰，不可省略鬆弛時間，烤的成品才不會收縮過度。
※入烤箱前，烤箱需確實已達高溫預熱狀態，否則入爐後的麵糰易滲出油脂。

檸檬布丁馬林派

檸檬布丁派表面覆蓋義大利蛋白霜，即成另外的風貌。

配方

1. 檸檬布丁派（見p.162)
2. 義大利蛋白霜

材料		百分比（%）	克（g）	製作條件
a	細砂糖	375	150	1.p.162的檸檬布丁派的延伸製作。 2.蛋白打發至溼性發泡。 3.以熱糖漿熟化蛋白霜。
	水	87.5	35	
b	蛋白	100	40	
	細砂糖	37.5	15	
合計		600	240	

作法

1. 材料a放入鍋中，以小火加熱煮至砂糖溶化（圖a）。
2. 繼續加熱後砂糖溶化，糖水表面佈滿泡沫，約至121℃即熄火（圖b）。
3. 煮糖水的同時將蛋白打至溼性發泡。
4. 將熱糖漿慢慢沖入打發的蛋白中，需邊倒邊攪打，至完全降溫成爲有光澤度的蛋白霜（圖c）。
5. 將p.162檸檬布丁派的表面鋪滿水蜜桃。
6. 蛋白霜抹在檸檬布丁派的表面（圖d），再以噴火槍將蛋白霜烘烤上色（圖e）。

a b c d e

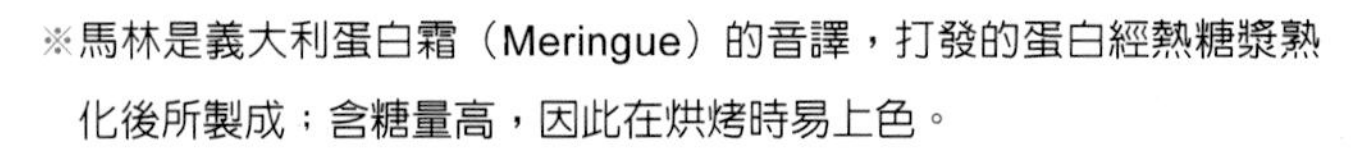

※馬林是義大利蛋白霜（Meringue）的音譯，打發的蛋白經熱糖漿熟化後所製成；含糖量高，因此在烘烤時易上色。

雙皮鳳梨派

烘焙丙級技術士考題之一

題目★製作7吋雙皮鳳梨派：❶3個 ❷4個 ❸5個，派皮每個重400~450公克，派餡每個重量450公克。剩餘派皮超過 10%者不予計分，表面覆蓋需超過一半以上。

配方

材料	百分比（%）	克（g）	製作條件
※派皮			1.製作方式：雙皮派（生派皮熟派餡） 2.模型：7吋派盤三個 3.派皮：酥片派皮（油粉拌合法） 4.烤模處理：不需抹油 5.派皮重量：@400~450g／個 6.烤焙溫度：上火200℃／下火220℃ 7.烤焙時間：25~30分鐘
a 高筋麵粉	50	344	
a 低筋麵粉	50	344	
酥油	65	447	
b 細砂糖	3	21	
b 鹽	2	14	
b 冰水	30	206	
合計	200	1,376	

※鳳梨餡				作法：
a	細砂糖	25	196	1.材料a用小火煮沸。
	鹽	0.5	4	2.材料b用打蛋器攪拌均勻。
	鳳梨果汁	40	314	3.材料a沖入材料b中，邊倒邊攪至均勻（圖a）。
b	玉米粉	10	79	4.放回爐火上，用小火邊煮邊攪至凝膠狀（圖b）。
	鳳梨果汁	15	118	5.加入切成塊狀的鳳梨果肉拌勻，放涼備用（圖c, d）。
	鳳梨果肉	100	785	
合計		190.5	1,496	

a

b

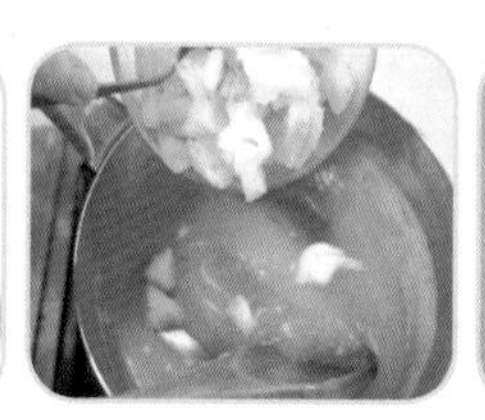
c

d

作法

1. 派皮：固態油脂在粉堆中，用大刮板切割成顆粒狀，接著用大刮板翻拌油粉成均勻的鬆散狀。
2. 做成粉牆，將材料b混合後倒入其中，再藉由大刮板以拌壓方式混合成麵糰，用保鮮膜包好冷藏鬆弛約1小時。
3. 派皮麵糰分割成上派皮180g共3等分、下派皮270g共3等分。
4. 先製作下派皮，麵糰擀成大於派盤的圓片狀，用擀麵棍捲起鋪在派盤內再攤開。

4. 用手輕壓派皮確實密合在派盤上，用大刮板切掉邊緣多餘的麵糰（圖e）。
5. 製作上派皮，與下派皮相同整形方式，擀成比派盤稍大的圓片狀。
6. 將鳳梨餡倒入派皮內，表面抹平後，麵糰邊緣刷上蛋液（圖f），用擀麵棍捲起上派皮鋪在內餡之上再攤開（圖g），用手輕壓上下派皮並確實黏緊。
7. 將邊緣的麵糰用刮板切除（圖h），用叉子在派皮表面叉洞（圖i），並將派皮邊緣壓緊（圖j），刷上均勻的蛋黃液，靜置鬆弛約10分鐘。
8. 烤至金黃色，派皮與派盤呈分離狀態即可出爐。

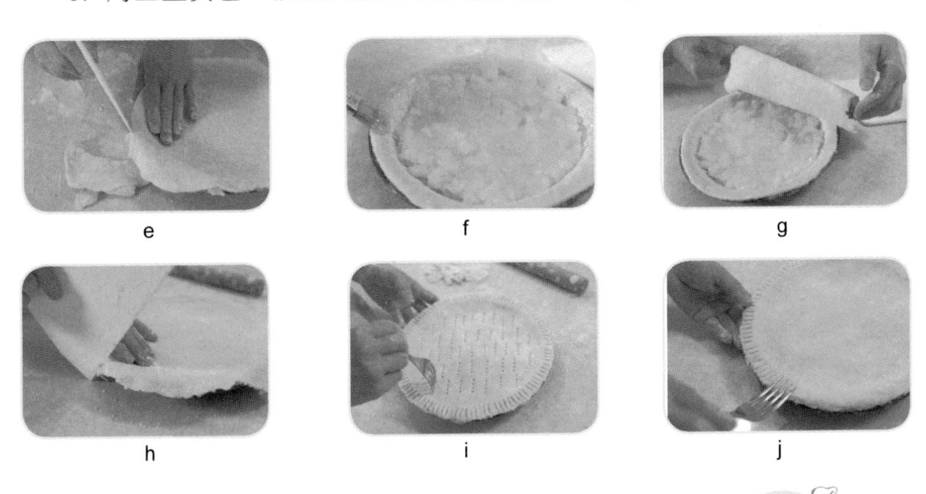

e　f　g　h　i　j

Tips

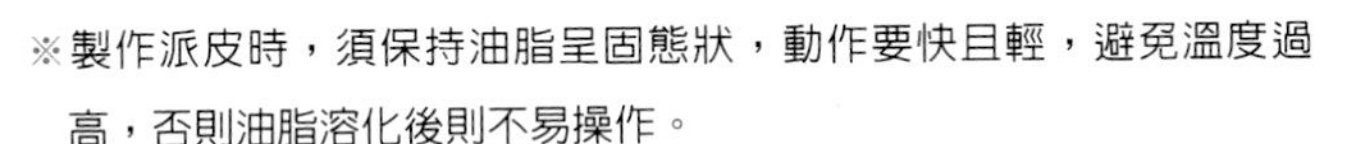

※製作派皮時，須保持油脂呈固態狀，動作要快且輕，避免溫度過高，否則油脂溶化後則不易操作。

※整形後的鬆弛時間不可省略，烤焙後的成品才不會過度收縮。

※入烤箱前，烤箱需確實已達高溫預熱狀態，否則入爐後的麵糰易滲出油脂。

洋梨杏仁派

配方

材料	百分比（%）	克（g）	製作條件
※派皮			1.製作方式：單皮派（生派皮生派餡） 2.模型：8吋活動式派盤二個 3.派皮：簡易派皮（糖油拌合法） 4.烤模處理：抹油撒粉（鐵氟龍材質則免） 5.派皮重量：@300g / 個 6.烤焙溫度：上火190℃ / 下火210℃ 7.烤焙時間：25~30分鐘
無鹽奶油	42	143	
糖粉	25	85	
鹽	1	3	
香草精	1	3	
全蛋	28	95	
低筋麵粉	100	340	
泡打粉	0.5	2	
合計	197.5	671	
※ 糖漬洋梨			
洋梨		4個	
細砂糖	100	40	
蘭姆酒	25	10	
檸檬汁	75	30	
合計	200	80	
※杏仁餡			
無鹽奶油	250	200	
細砂糖	200	160	
香草精	3	2	
全蛋	275	220	
低筋麵粉	100	80	
蘭姆酒	10	8	
杏仁粉	250	200	
合計	1,088	870	

作法

1. 派皮：奶油在室溫下軟化後，加糖粉、鹽、香草精用槳狀攪拌器攪拌均勻。
2. 分次加入全蛋快速打發，同時篩入麵粉與泡打粉慢速攪拌成麵糰，包入保鮮膜內冷藏鬆弛約30分鐘備用。
3. 糖漬洋梨：洋梨去皮去籽切成4瓣，放入鍋中加細砂糖用中火煮至糖融化，再加入藍姆酒及檸檬汁大火收汁，放涼備用（圖a, b, c）。

a

b

c

4. 杏仁餡：奶油在室溫下軟化後，加細砂糖、香草精用槳狀攪拌器攪拌均勻。
5. 加入1/2的全蛋快速攪拌，接著加入麵粉及剩餘的全蛋繼續攪拌，最後加入杏仁粉拌勻備用（圖d）。
6. 派皮麵糰擀成厚約0.3~0.4公分大於派盤的圓片狀，用擀麵棍捲起鋪在派盤內再攤開（圖e）。

d

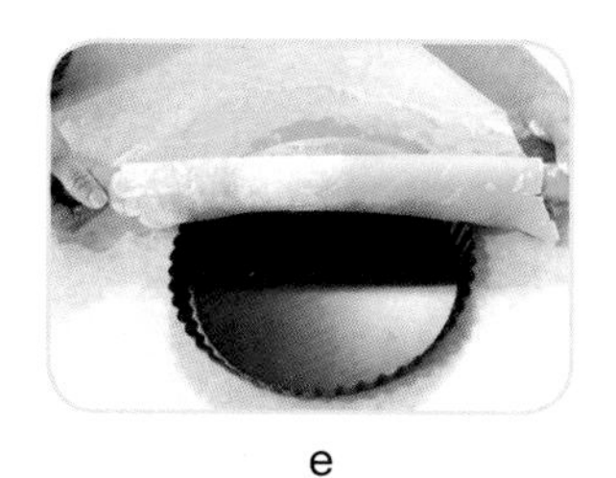
e

7. 用手輕壓派皮確實密合在派盤上，用大刮板切掉邊緣多餘的麵糰（圖f）。
8. 杏仁餡倒入派皮上（圖g），用橡皮刮刀抹平。
9. 將糖漬洋梨切片（圖h），鋪在杏仁餡表面（圖i），即可入爐烤焙。

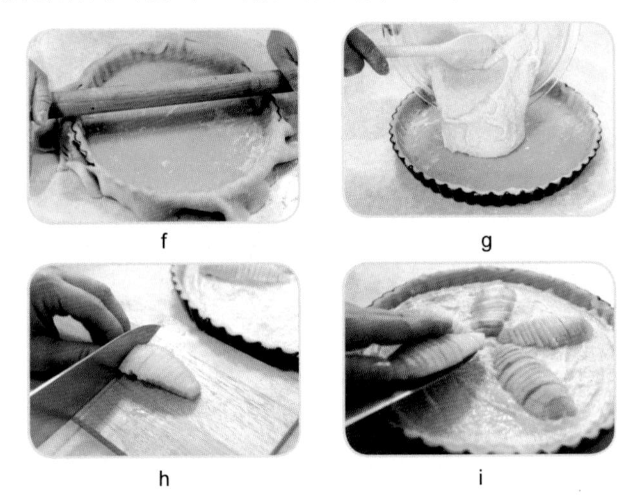

f　g

h　i

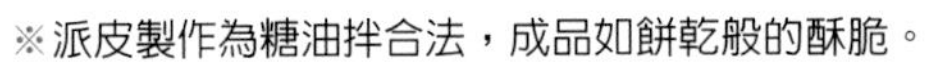

※派皮製作為糖油拌合法，成品如餅乾般的酥脆。

※糖漬洋梨可改用青蘋果製作，作法完全相同；鋪排在杏仁餡上的方式，也可以放射狀或其他造型呈現。

※烤焙後的成品可冷藏或室溫保存，食用前可以低溫約150°C加熱10分鐘。

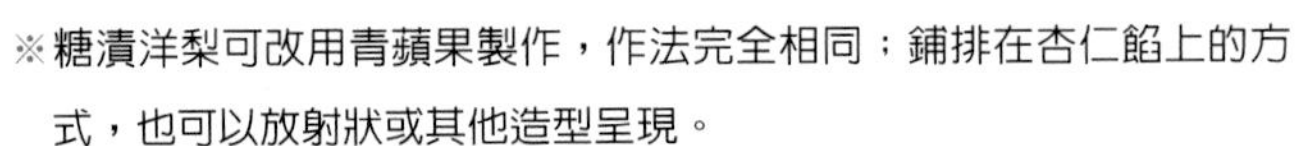

巧克力塔

配方

材料	百分比（%）	克（g）	製作條件
※塔皮			1.製作方式：熟塔皮熟塔餡 2.模型：小塔模14個 3.塔皮：糖油拌合法 4.烤模處理：抹油 5.烤焙溫度：上火180℃／下火180℃ 6.烤焙時間：25分鐘左右
細砂糖	31	40	
無鹽奶油	92	120	
全蛋	23	30	
低筋麵粉	100	130	
無糖可可粉	15	20	
小蘇打粉	2	3	
合計	263	343	
※內餡			
動物性鮮奶油	100	200	
果糖	50	100	
苦甜巧克力	150	300	
無鹽奶油	100	200	
蘭姆酒	5	10	
合計	405	810	

作法

1. 塔皮：細砂糖加無鹽奶油用槳狀攪拌器拌勻，再加入全蛋繼續打至鬆發狀。
2. 加入過篩後的粉料，用橡皮刮刀以不規則方式輕輕拌成麵糰狀，並用保鮮膜包好冷藏鬆弛30分鐘。
3. 將麵糰分割成14等份，直接鋪在塔模上，用拇指的指腹將麵糰平均延展推平（圖a），並將多餘的麵糰用刮板切掉（圖b）。
4. 用叉子在塔皮上叉些小洞，以上、下火各180℃烘烤25分鐘左右，出爐放涼備用。

a

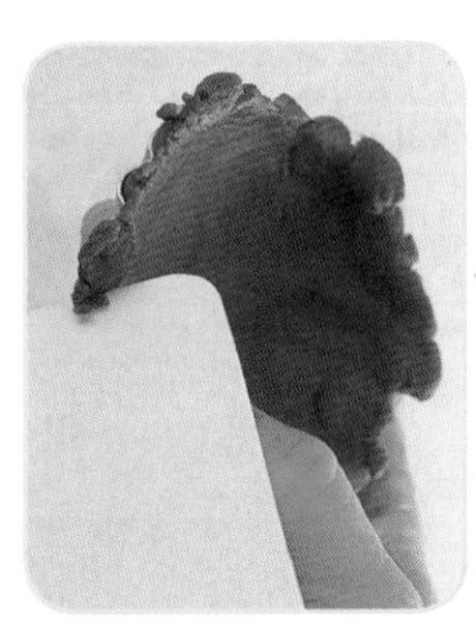
b

5. 內餡：動物性鮮奶油加果糖隔熱水加熱約45℃左右，倒入苦甜巧克力，用橡皮刮刀攪拌至完全融化。
6. 最後加入無鹽奶油及白蘭地桔子酒繼續拌勻成內餡。
7. 待內餡完全降溫後，即可填入塔皮內，冷藏約30分鐘凝固即可。

※進口的苦甜巧克力含可可脂，製作出的成品口感較好。

※判斷溫度45°C的標準是：用手可以觸摸的程度。

※材料中的果糖可用玉米糖漿代替。

開胃鹹塔

配方

材料	百分比（%）	克（g）	製作條件
※鹹塔皮			1.製作方式：生塔皮生塔餡 2.模型：小塔模16個 3.鹹塔皮：糖油拌合法 4.烤模處理：抹油 5.烤焙溫度：上火190℃／下火200℃ 6.烤焙時間：20~25分鐘
無鹽奶油	60	120	
鹽	1.5	3	
蛋黃	17.5	35	
低筋麵粉	100	200	
合計	179	358	
※內餡			
奶油乳酪（Cream Cheese）		60	
牛奶		110	
動物性鮮奶油		100	
全蛋		110	
鹽		適量	
黑胡椒		適量	
培根		4片	
綜合冷凍蔬果		160	
披薩起士		適量	

作法

1. 無鹽奶油、奶油乳酪放在室溫下軟化，培根切成細末備用。
2. 鹹塔皮：無鹽奶油加鹽及蛋黃用橡皮刮刀拌勻，再直接篩入麵粉輕輕拌合成麵糰，並將麵糰冷藏鬆弛30分鐘。
3. 將麵糰分割成16等份，再分別舖在塔模內，用拇指的指腹將麵糰平均延展推平，再將多餘的麵糰用刮板切掉。
4. 內餡：培根末放入乾鍋內用小火炒香，再放入綜合冷凍蔬果拌炒均勻。
5. 奶油乳酪先用打蛋器以隔熱水加熱方式攪散，再加入牛奶及鮮奶油拌勻，接著分別加入全蛋、鹽及黑胡椒拌成牛奶醬汁。
6. 將作法5的牛奶醬汁倒入作法3的鹹塔皮內約1/2的量（圖a），再加入作法4的內餡，接著再將牛奶醬汁倒入約9分滿（圖b）。
7. 在表面撒上適量的披薩起士即可烤焙（圖c），表面呈金黃色即可。

a

b

c

Tips

※內餡的材料可隨個人喜好作變換。

※出爐後，稍降溫才易脫模。

奶油空心餅

烘焙丙級技術士考題之一

題目★製作奶油空心餅，成品直徑約6±1公分，使用麵糊重：❶650公克製作16個 ❷700公克製作18個 ❸800公克製作20個。本產品不填充餡料，使用平口（圓口）花嘴成形。

配方

材料	百分比（%）	克（g）	製作條件
a 無鹽奶油	100	142	1.使用器具：擠花袋、平口花嘴 2.成品規格：直徑6±1公分 3.成品數量：16個 4.烤焙溫度：上火200℃／下火200℃ 5.烤焙時間：25~30分鐘
a 水	133	189	
a 鹽	1.5	2	
高筋麵粉	100	142	
全蛋	166	236	
合計	500.5	711	

作法

1. 將無鹽奶油、水及鹽放入鍋中以中小火煮至沸騰且奶油融化（圖a, b）。
2. 轉成小火後，將高筋麵粉倒入鍋中（圖c），快速攪拌均勻成糰狀即熄火（圖d）。
3. 將燙麵糰倒入攪拌缸中，用槳狀攪拌器攪拌至約60℃，觸感不會燙手即可。
4. 全蛋液分次少量加入攪拌，在蛋液完全被吸收後才能繼續加入蛋液，以避免造成分離狀態（圖e）。
5. 麵糊攪拌至光滑狀，撈起後成不規則三角形（圖f），即裝入擠花袋內擠出3公分直徑的麵糊（圖g）。
6. 入烤箱烤焙前，在麵糊表面噴上霧水（圖h）。
7. 烤焙至金黃色後，熄火以餘溫再續燜5~10分鐘。

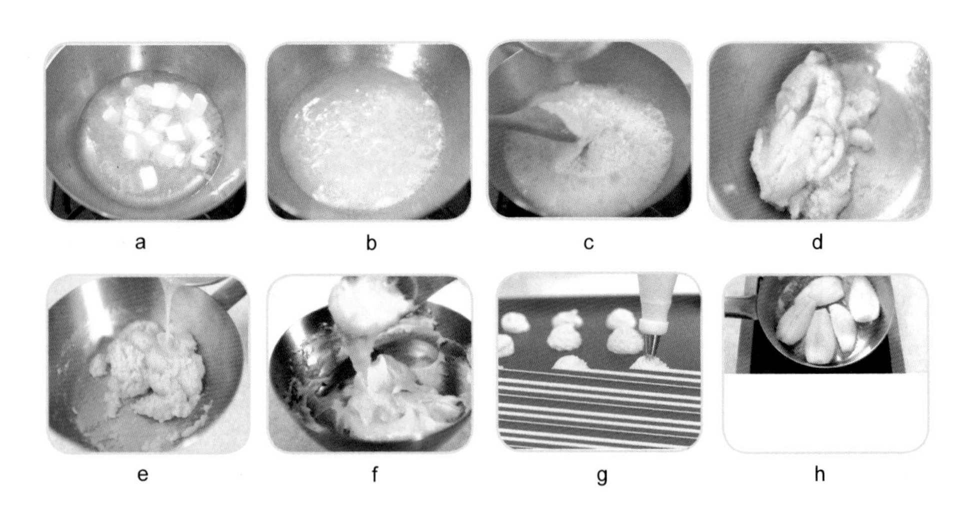
a b c d
e f g h

※檢定考試時，須以平口（圓口）花嘴成形，而圖中造型是以尖齒花嘴製作。

※入烤箱前，在麵糊表面噴上霧水，使麵糊表面受熱形成水蒸氣，有助於成品膨脹。

※成品尚未定型前（約20分鐘內）不可打開爐門，以免成品收縮。

三角鬆餅

烘焙丙級技術士考題之一

題目★使用麵粉500公克，製作裹油率80％以上之三角鬆餅：❶20個 ❷22個 ❸24個。整形前麵皮厚度0.3~0.4公分。產品使用手工壓，以3摺×4次或4摺×3次製作。本項產品考試時間為六小時。

配方

	材料	百分比（%）	克（g）	製作條件
a	全蛋	6	30	1.整形方式：英式三摺法 2.成品規格：使用麵粉500g，裹油率85% 3.分割尺寸：約10x10公分 4.成品數量：20個 5.烤焙溫度：上火200℃／下火200℃ 6.烤焙時間：25~30分鐘
a	細砂糖	3	15	
a	冰水	6	30	
a	白醋	2	10	
a	高筋麵粉	100	500	
	白油	15	75	
	裹入油	85	425	
	合計	217	1,085	

作法

1. 材料a用鉤狀攪拌器先以低速拌勻，再加入白油改用中速攪拌均勻成麵糰狀即可。
2. 將麵糰包入保鮮膜中放入冷藏鬆弛約30分鐘，取出麵糰擀成長爲寬的三倍的長度麵皮。
3. 裹入油切成小塊狀，鋪在麵皮2/3的位置處（圖a），將另一端1/3的麵皮向內摺至1/3的鋪油麵皮之上（圖b）。
4. 將另外1/3鋪油麵皮向內摺，並將麵皮輕壓成工整的長方形（圖c）。

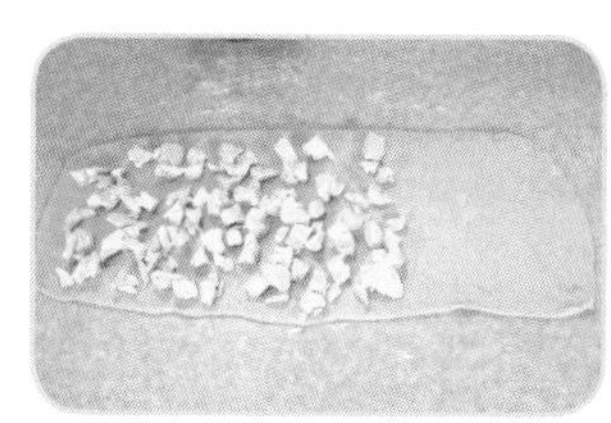
a

b

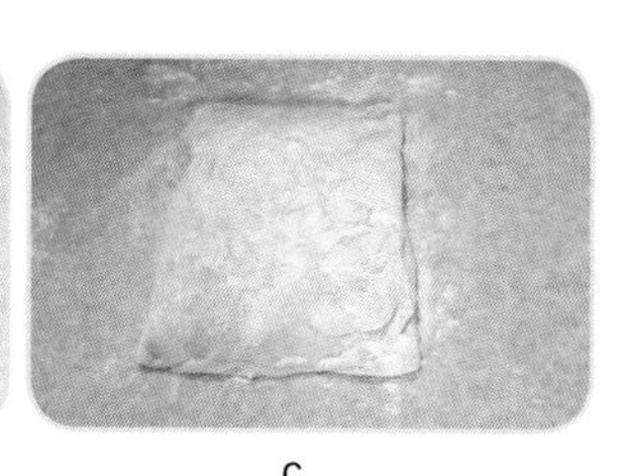
c

5. 將麵皮向前後擀開，長度爲寬度三倍長的片狀（圖d），刷除多餘的麵粉（圖e），將麵皮包入保鮮膜內冷藏鬆弛約1小時。

d

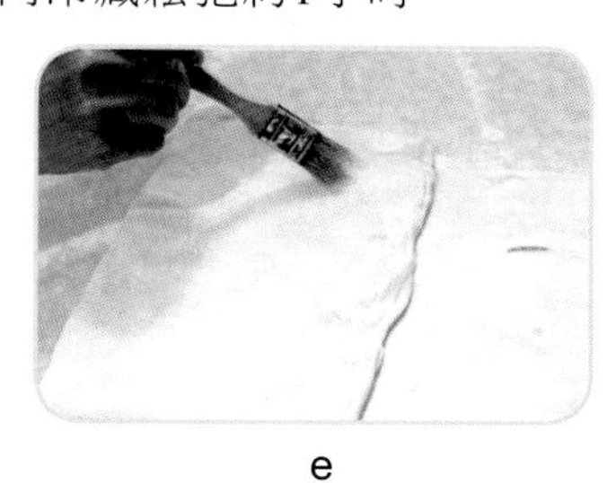
e

6. 取出麵皮依照作法4、5，擀壓麵皮摺疊3摺重複做兩次動作，每次摺疊完成後即將麵皮包入保鮮膜內冷藏鬆弛約1小時。
7. 麵皮擀成厚約0.3~0.4公分的長方片，再切成長、寬約10×10公分的正方片（圖f）。
8. 分別將小麵皮表面四周刷上蛋液再對折，並將兩邊輕壓黏緊，刷上蛋黃液，再用剪刀剪出一三角開口，即可入爐烤焙（圖g, h）。

f

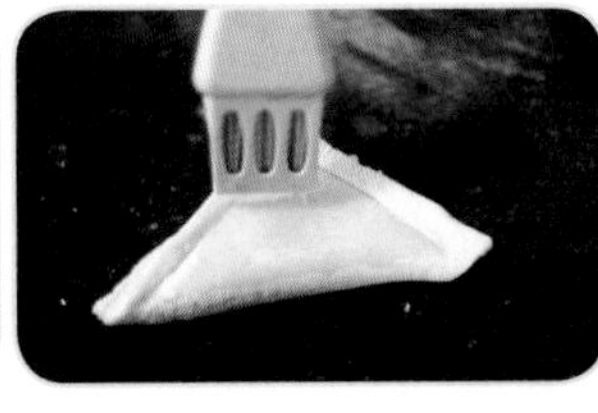
g

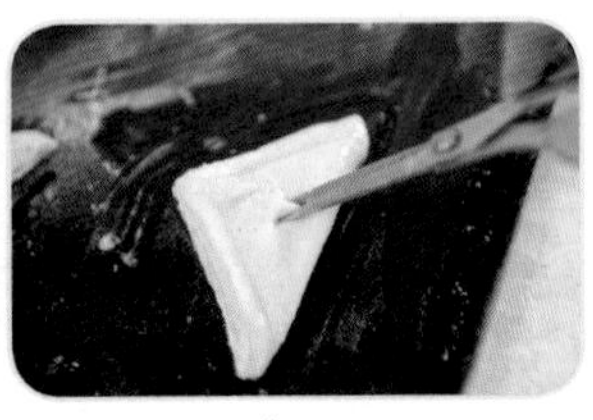

h

Tips

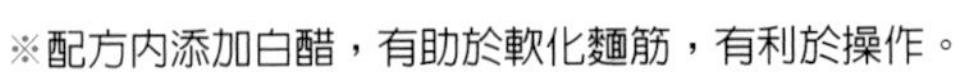
※配方內添加白醋，有助於軟化麵筋，有利於操作。

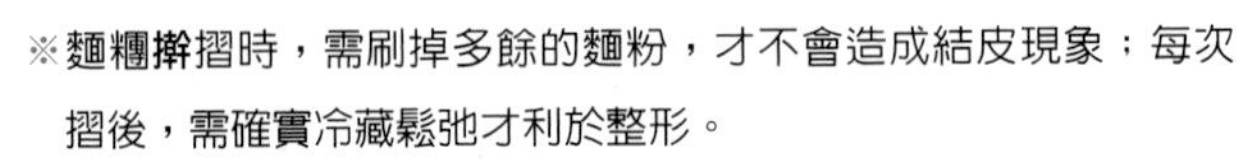
※麵糰擀摺時，需刷掉多餘的麵粉，才不會造成結皮現象；每次摺後，需確實冷藏鬆弛才利於整形。

※麵糰表面刷蛋液時，須避免多餘蛋液沾黏到切割後的層次，才不會造成麵糰黏合，影響烤焙膨脹。

※入烤箱前，烤箱需確實已達高溫預熱狀態，否則入爐後的麵糰易滲出油脂。

水果酥盒

三角鬆餅應用

配方

麵皮：依照p.180的三角鬆餅
內餡：各式水果及p.109奶油布丁餡

作法

1. 麵皮作法依照p.180的三角鬆餅。
2. 將小麵皮四周的兩個對角邊緣1公分處切上刀口，刷上均勻蛋黃液後，再將兩端麵皮提起交叉黏合。
3. 用叉子在麵皮表面叉洞，刷上均勻的蛋黃液，入爐烤焙至金黃色。
4. 成品出爐冷卻後，在中央部位填上適量的奶油布丁餡，並放上各式水果即可。

※烤焙前，在麵皮表面叉洞，可防止受熱隆起。

※入烤箱前，烤箱需確實已達高溫預熱狀態，否則入爐後的麵糰易滲出油脂。

蒸烤雞蛋牛奶布丁

烘焙丙級技術士考題之一

題目★製作底部直徑5公分、高5公分之布丁：❶18個 ❷20個 ❸22個，焦糖每個約量5公克，成品脫模5個。烤模由承辦單位提供，焦糖由考生自行製作，砂糖用量爲100公克。布丁餡液每個60±5cc。

配方

材料		百分比（%）	克（g）	製作條件
※焦糖				1.模型：直徑5公分×高5公分圓形布丁模 2.烤模處理：擦乾水分 3.烤焙方式：隔水蒸烤 4.布丁液重量：@60±5cc／個 5.烤焙溫度：上火150℃／下火160℃ 6.烤焙時間：30~35分鐘
	細砂糖	100	100	
	熱水	30	30	
	合計	130	130	
※布丁液				
	全蛋	43	310	
a	牛奶	100	720	
a	細砂糖	20	144	
a	香草精	1.3	9	
a	鹽	0.5	4	
	合計	164.8	1,187	

作法

1. 焦糖：先將空鍋加熱，再倒入細砂糖用小火煮至砂糖融化（圖a）
2. 細砂糖繼續加熱後，邊緣開始漸漸融化並上色（圖b），接著會完全上色（圖c）。

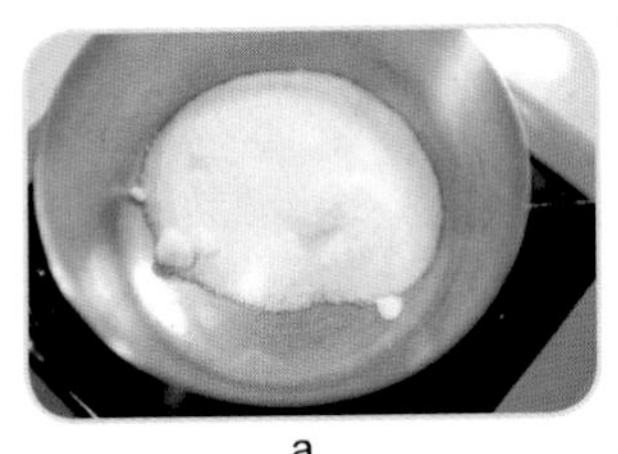
a

b

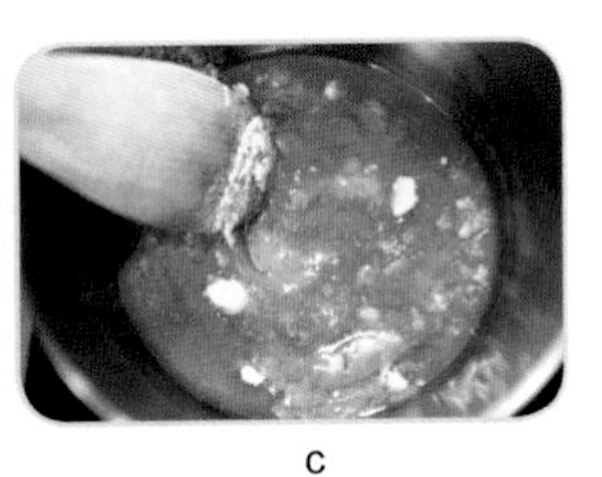
c

3. 上色後的色澤漸漸加深，同時表面佈滿泡沫，呈褐色狀即可（圖d, e, f）。

d

e

f

4. 熄火後慢慢將熱水倒入焦糖液中，趁熱倒入模型中，並排放在烤盤上備用。
5. 布丁液：全蛋放入打蛋盆中用打蛋器攪散成蛋液備用，接著將材料a放入鍋中，用小火邊煮邊攪煮至砂糖融化（圖g）。

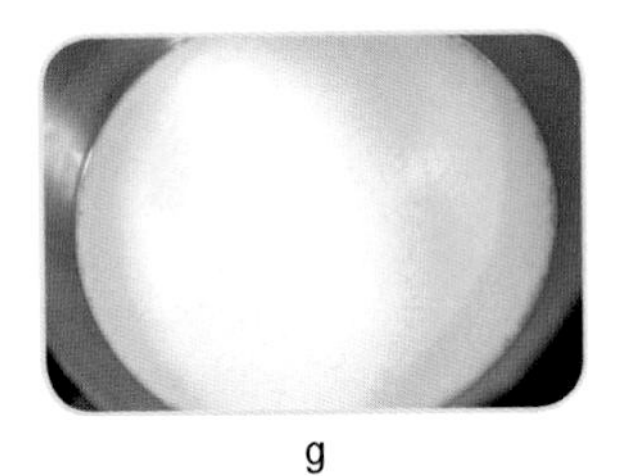
g

6. 煮好的牛奶倒入蛋液中邊倒邊攪（圖h），過篩後即成為布丁液（圖i）。
7. 布丁液分別倒入作法4的模型中，並在烤盤上注入熱水約模型的0.5公分高度即可開始蒸烤（圖j）。
8. 用手輕壓布丁表面，如呈彈性觸感即可出爐。

h

i

j

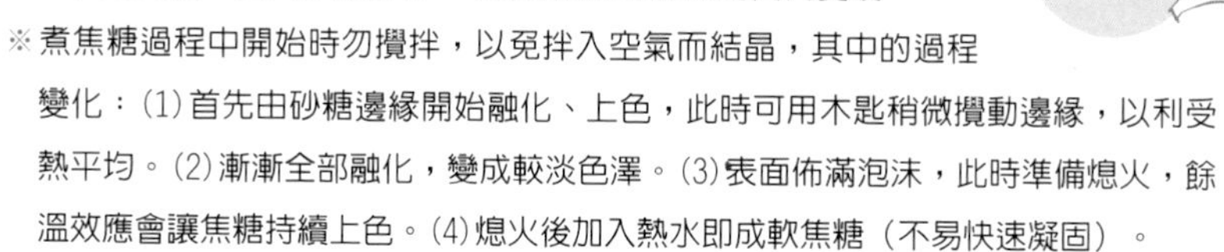

※焦糖煮完後，倒入少許熱水，可防止焦糖在極短時間內變硬。

※煮焦糖過程中開始時勿攪拌，以免拌入空氣而結晶，其中的過程變化：(1)首先由砂糖邊緣開始融化、上色，此時可用木匙稍微攪動邊緣，以利受熱平均。(2)漸漸全部融化，變成較淡色澤。(3)表面佈滿泡沫，此時準備熄火，餘溫效應會讓焦糖持續上色。(4)熄火後加入熱水即成軟焦糖（不易快速凝固）。

※隔水蒸烤時水量要足，以避免蒸烤過程水分烤乾影響品質。

柳橙果凍

配方

材料	百分比（%）	克（g）	製作條件
吉利丁片	2.5	15	1.模型：容量120cc的杯子6個 2.布丁液重量：@ 110cc／個 3.吉利丁片1片=2.5g
柳橙果汁	100	600	
細砂糖	15	90	
蘭姆酒	3	18	
合計	120.5	723	

作法

1. 吉利丁片加冰開水浸泡備用。
2. 柳橙果汁加細砂糖用小火邊煮邊攪至砂糖融化，再加入蘭姆酒（圖a）。
3. 將吉利丁片擠乾水分，加入作法2材料中，攪拌至完全融化，即成果凍液。
4. 將果凍液倒入容器中，冷卻後再以冷藏方式凝固。

a

※容器可隨個人取得方便性來應用。

※柳橙果汁可以其他果汁替換，但甜度需以細砂糖的分量來調整。

水蜜桃慕斯

配方

材料	百分比（%）	克（g）	製作條件
海綿蛋糕		6片	1.模型：直徑6吋慕斯框三個 2.海綿蛋糕依照p.64製作 3.海綿蛋糕橫切6片備用 4.慕斯餡重量：@550g／個 5.每個慕絲框內貼一張透明圍邊紙以利脫模，並放一片蛋糕體 6.吉利丁片1片=2.5g
※慕斯餡			
水蜜桃	200	600	
細砂糖	37.5	288	
水蜜桃果汁	75	360	
吉利丁片	4.7	23	
動物性鮮奶油	100	480	
合計	417.2	1,751	
※裝飾			
水蜜桃	150	150	
杏桃果膠	100	110	
冷開水	100	110	
合計	350	370	

作法

1. 慕斯餡：吉利丁片加冰開水浸泡，水蜜桃用料理機攪打成泥狀備用。
2. 細砂糖加水蜜桃果汁用小火煮至糖溶化，加入水蜜桃果泥煮約1分鐘，熄火後加入擠乾水分的吉利丁片，攪拌至完全融化即成慕斯餡（圖a, b）。
3. 慕斯餡隔冰塊加水降溫（圖c），同時將動物性鮮奶油拌打至仍呈流動狀的七分發狀態（圖d）。
4. 取1/3的打發鮮奶油加入慕斯餡內輕輕拌勻（圖e），再將剩餘的鮮奶油加入拌勻（圖f）

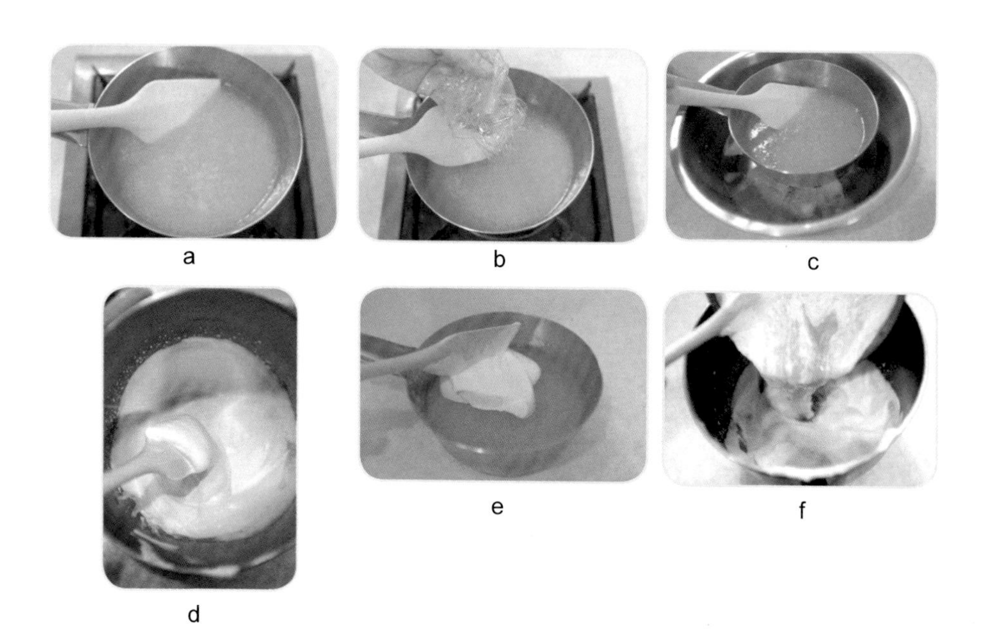
a b c d e f

5. 將作法4材料約1/2的量倒入慕斯框內（圖g），接著鋪上另一片蛋糕體，最後將慕斯糊填滿並抹平（圖h, i）。
6. 放入冷藏室約2小時，凝固後取出鋪上水蜜桃片。
7. 杏桃果膠加冷開水用小火煮至果膠融化，待稍降溫後淋在慕斯表面即可。

g

h

i

※應使用動物性鮮奶油製作，化口性才好。

※注意動物性鮮奶油勿攪打過度，以避免拌入過多空氣，而影響口感，仍呈流動狀的七分發即可。

※煮好的主料需完全降溫冷卻，同時濃稠度（比重）與打發的鮮奶油接近，兩者才可混合。

※慕斯表面的裝飾水果，都必須刷上鏡面果膠（或是杏桃果膠），以保持水果的新鮮度。

巧克力慕斯

配方

材料	百分比（%）	克（g）	製作條件
※巧克力海綿蛋糕			1.模型：直徑6吋慕斯框三個 2.巧克力海綿蛋糕依照p.64製作 3.海綿蛋糕橫切6片備用 4.慕斯餡重量：@550g／個 5.每個慕絲框內貼一張透明圍邊紙以利脫模，並放一片蛋糕體 6.吉利丁片1片=2.5g
全蛋	222	598	
蛋黃	28	76	
細砂糖	144	389	
鹽	2	5	
低筋麵粉	100	270	
小蘇打粉	1.5	4	
a 無糖可可粉	33	89	
a 熱水	67	181	
a 沙拉油	44	119	
合計	641.5	1,731	

※慕斯餡		
蛋黃	18	89
細砂糖	30	149
牛奶	30	149
苦甜巧克力	60	297
無鹽奶油	9	45
吉利丁片	3.5	6
動物性鮮奶油	100	495
合計	250.5	1,230
※巧克力淋醬		
動物性鮮奶油	100	270
葡萄糖漿	22	60
苦甜巧克力	89	240
無鹽奶油	22	60
合計	233	630

巧克力淋醬作法：

1. 動物性鮮奶油加葡萄糖漿隔熱水加熱約45 ~ 50℃（圖a）。
2. 加入苦甜巧克力用橡皮刮刀拌至融化（圖b）。
3. 加入無鹽奶油攪拌融化，放涼後即可使用（圖c, d）。

a

b

c

d

作法

1. 巧克力海綿蛋糕：材料a混合成可可糊備用。其餘作法請參考p.64的海綿蛋糕作法1~3。
2. 攪好的蛋糊中倒入過篩後的麵粉，慢速攪拌成均勻麵糊，取少量的麵糊與可可糊拌成可可麵糊（圖e）。
3. 將可可糊倒入麵糊中輕輕拌勻（圖f），分別倒入模型中即可烤焙，請參考p.65海綿蛋糕製作與烤焙。
4. 慕斯餡：吉利丁片加冰開水浸泡備用。蛋黃加細砂糖隔熱水邊攪拌邊加熱（圖g），至砂糖融化且蛋黃顏色變淡（圖h）。

e f g h

5. 慢慢加入牛奶攪拌均匀（圖i），再加入苦甜巧克力攪拌至融化（圖j），接著加入無鹽奶油以餘溫加熱融化。
6. 將吉利丁片擠乾水分，加入作法5材料中攪拌融化即成慕斯餡（圖k）。
7. 慕斯餡隔冰塊加水降溫，同時將動物性鮮奶油攪拌至仍呈流動的七分發狀態。
8. 取1/3的打發鮮奶油加入慕斯餡內輕輕拌勻（圖l），再將剩餘的鮮奶油加入拌匀即成巧克力慕斯糊（圖m）。
9. 將巧克力慕斯糊約1/2的量倒入慕絲框內（圖n），接著鋪上另一片蛋糕體，最後將慕斯糊填滿並抹平（圖o）。
10. 放入冷藏室約2小時至凝固，取出淋上巧克力醬，再放入冷藏凝固即可（圖p）。

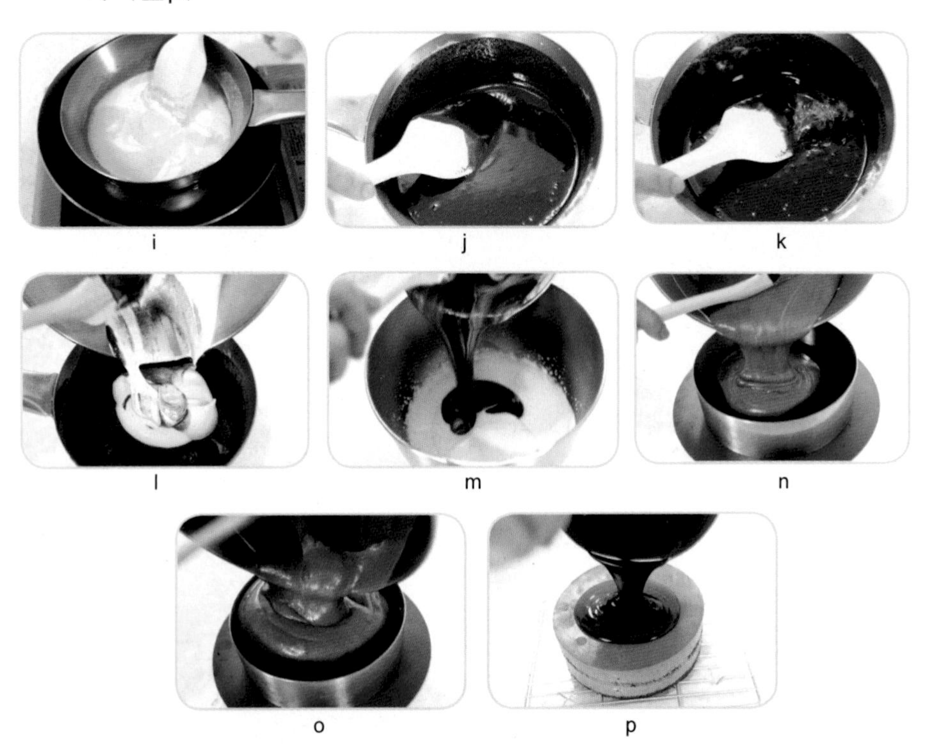
i j k
l m n
o p

※應使用動物性鮮奶油製作，化口性才好。

※注意動物性鮮奶油勿攪打過度，以避免拌入過多空氣，而影響口感，仍呈流動狀的七分發即可。

※煮好的主料需完全降溫冷卻，同時濃稠度（比重）須與打發的鮮奶油接近，兩者才可混合。

※應用富含可可脂的巧克力來製作，口感較好。

※巧克力淋醬（Ganache）須完全降溫後，才可淋在慕斯體上；使用前須確認淋醬的濃稠度，不可因環境低溫影響而變稠，否則即須再隔水加熱使其恢復流質狀態。

藍莓大理石慕斯

配方

材料	百分比（%）	克（g）	製作條件
※杏仁蛋糕體			1.模型：直徑6吋慕斯框三個 2.慕斯餡重量：@550g／個 3.每個慕絲框內貼一張透明圍邊紙以利脫模 4.吉利丁片1片=2.5g 5.裝飾的材料與造型可隨個人喜好作變化 杏仁蛋糕體作法： 1.蛋白加細砂糖用球狀攪拌器打發後，同時篩入杏仁粉與糖粉，用橡皮刮刀拌成麵糊狀。 2.麵糊裝入擠花袋中直接在烤盤上擠成螺旋狀的蛋糕體（圖a）。 3.以上火180℃、下火160℃烘烤12分鐘左右，呈金黃色。 4.用6吋的圓慕斯框切割烤好的蛋糕體備用（圖b）。
蛋白	129	135	
細砂糖	43	45	
杏仁粉	100	105	
糖粉	86	90	
合計	358	375	
※慕斯餡			
奶油乳酪（Cream Cheese）	100	300	
牛奶	100	300	
細砂糖	65	195	
香草豆莢		1根	
吉利丁片	7.7	23	
動物性鮮奶油	200	600	
藍莓果泥	15	45	
合計	487.7	1,463	

※裝飾			
植物性鮮奶油	100	450	
覆盆子		36顆	
薄荷葉		適量	

a

b

作法

1. 奶油乳酪放在室溫下回軟，吉利丁片用冰開水浸泡備用。
2. 慕斯：奶油乳酪用打蛋器以隔熱水加熱方式攪散，再加入牛奶、細砂糖及香草豆莢攪拌至完全均勻。
3. 趁熱加入擠乾水分的吉利丁片，確實攪拌均勻並融化，接著隔冰塊加水降溫，同時將動物性鮮奶油攪拌至仍呈流動狀的七分發狀態。
4. 先取1/3的打發鮮奶油與作法3的材料用打蛋器拌勻，再將剩餘的鮮奶油全部加入拌合，即成乳酪慕斯。
5. 取300g的乳酪慕斯與藍莓果泥混合均勻（圖c），再與其他的乳酪慕斯輕輕拌合至呈大理

c

石紋路，然後倒入慕斯框內的蛋糕體上，並將表面抹平。

6. 冷藏約2小時凝固後，將打發的植物性鮮奶油抹在慕斯上，並在表面劃出紋路。
7. 放上覆盆子及薄荷葉裝飾。

※如無法購得藍莓果泥，可用其他口味的果泥代替。

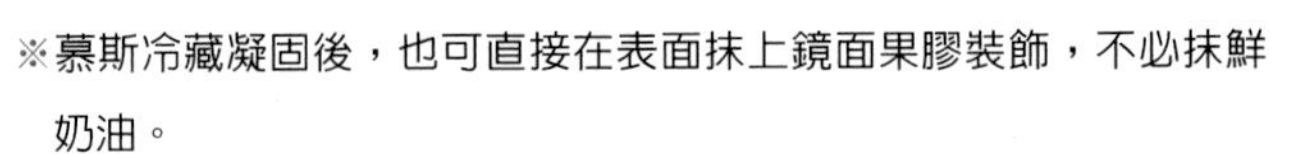

※慕斯冷藏凝固後，也可直接在表面抹上鏡面果膠裝飾，不必抹鮮奶油。

披薩

配方

	材料	百分比（%）	克（g）
a	高筋麵粉	50	200
a	低筋麵粉	50	200
a	細砂糖	5	20
a	鹽	1	4
a	即溶酵母粉	1	4
a	水	55	220
	橄欖油	5	20
	合計	167	668
※披薩醬			
	沙拉油		25
	洋蔥末		100
	大蒜末		5
	番茄糊		140
	水		240
	月桂葉		2
	鹽		1 / 2 t
	黑胡椒粉		1 /4 t

製作條件

1.發酵法：直接法
3.基本發酵：溫度28℃ / 相對溼度75%
約60分鐘
4.分割重量：@165克 / 共4等份
5.中間發酵：15分鐘
6.最後發酵：溫度38℃ / 相對溼度85%
15~20分鐘。
7.烤焙溫度：上火200℃ / 下火250℃
8.烤焙時間：15分鐘

披薩醬作法

1.沙拉油加熱後，加入洋蔥末及大蒜末用小火炒香。
2.再分別加入番茄糊、水及月桂葉，繼續用小火煮至濃稠狀（圖a）。
3.最後加鹽及黑胡椒粉調味，放涼備用（圖b）。

※配料			配料 配料可依個人喜好作變化。
玉米粒		500	
洋蔥		1 / 2 個	
臘腸（切片）		100	
黑橄欖（切片）		20粒	
洋菇（切片）		140	
披薩起士絲		400	

a

b

作法

1. 材料a全部放入攪拌缸內，以低速攪拌至乾、溼材料混合。
2. 轉成中速攪打至麵糰捲起階段，即加入橄欖油。
3. 麵糰攪打至油脂完全被吸收、呈光滑狀、具延展性的麵糰。
4. 麵糰滾圓好後，放入鋼盆中，進行基本發酵約60分鐘。
5. 麵糰分割成4等份，滾圓後進行中間發酵約15分鐘，擀成直徑約22公分的圓餅形。

6. 披薩醬均勻地抹在餅皮表面（圖c），再分別放上玉米粒、洋蔥絲、臘腸、黑橄欖、洋菇及披薩起士絲（圖d），進行最後發酵約20分鐘，即可烤焙。

c

d

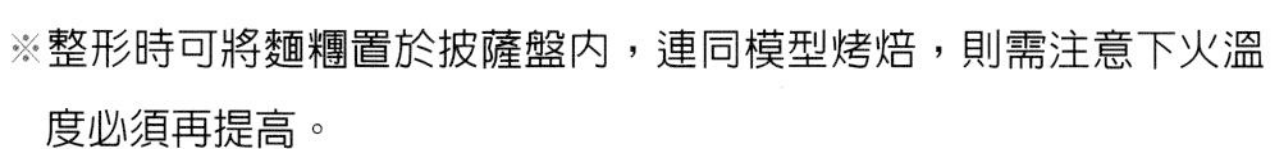

※配料可隨個人喜好作變化。

※整形時可將麵糰置於披薩盤內，連同模型烤焙，則需注意下火溫度必須再提高。

馬鈴薯甜甜圈

烘焙丙級技術士考題之一

題目★使用：❶1000公克麵糊製作20個 ❷1200公克麵糊製作25個 ❸1500公克麵糊製作30個馬鈴薯甜甜圈，成品厚度約2.0~2.5公分，其中馬鈴薯含量爲麵粉重之10%。馬鈴薯泥及壓模由承辦單位統一準備，產品表面需用細砂糖裝飾。

配方

材料	百分比（%）	克（g）	製作條件
低筋麵粉	100	530	1.模型：甜甜圈中空模 2.成品規格：約1000公克麵糊製作20個 3.製作方式：油炸，油溫170℃~180℃ 4.成品裝飾：表面沾裹細砂糖
泡打粉	2	11	
奶粉	5	27	
糖粉	28	148	
鹽	0.8	4	
全蛋	19	101	
水	28	148	
無鹽奶油	7	37	
馬鈴薯泥	10	53	
合計	199.8	1,059	

作法

1. 將所有材料放入攪拌缸內，以槳狀攪拌器用慢速攪拌成糰。
2. 麵糰包入保鮮膜內，冷藏鬆弛約1小時備用。
3. 取出麵糰，撒上高筋麵粉擀成厚約0.3~0.4公分的麵皮。
4. 甜甜圈切割器沾上高筋麵粉，扣壓在麵糰上，即可切割成中空麵糰（圖a）。
5. 麵糰輕輕丟入已加熱170℃~180℃熱油中油炸，當先接觸熱油的一面定型後，即立刻翻面。
6. 接著不停翻面油炸至兩面都呈金黃色即可，撈起瀝乾油份後，放在紙巾表面將多餘油份吸乾。
7. 趁熱沾裹上均勻的細砂糖即可。

a

※馬鈴薯泥：削去外皮切成小塊，蒸熟後趁熱壓成泥狀（如下圖）。
※油炸前，需拍除多餘的麵粉，才不會生粉過多影響品質。
※以中溫170˚C~180˚C油炸，下鍋前可丟入一小塊麵糰測試油溫，當麵糰沉入鍋底即表示油溫不足，如果麵糰慢慢浮起同時出現油泡現象即可。

參考文獻

◆《蛋糕與西點》，中華穀類食品工業技術研究所出版。

◆《實用麵包製作技術》，中華穀類食品工業技術研究所出版。

◆《烘焙工業》雙月刊，2001~2008年，中華穀類食品工業技術研究所出版。

致　謝

感謝三能食品器具股份有限公司、士邦食品機械廠有限公司提供烘焙器具圖片。

餐飲旅館系列26

烘焙實務

作　　者／孟兆慶
出 版 者／揚智文化事業股份有限公司
發 行 人／葉忠賢
總 編 輯／閻富萍
美術設計／觀點設計
攝　　影／許鈞祺、徐博宇、林宗億
地　　址／台北縣深坑鄉北深路三段260號8樓
電　　話／(02)8662-6826　8662-6810
傳　　真／(02)2664-7633
E-mail／service@ycrc.com.tw
印　　刷／鼎易印刷事業股份有限公司
ISBN／978-957-818-876-1
初版一刷／2008年7月
定　　價／新台幣380元

國家圖書館出版品預行編目資料

烘焙實務 = Baking Practice / 孟兆慶著. -- 初版. --臺北縣深坑鄉：揚智文化, 2008. 07

面；　公分（餐飲旅館系列；26）

ISBN　978-957-818-876-1（平裝）

1. 點心食譜　2. 烹飪

427.16　　97009655